Jürgen Kemmerer

Kaufmännisches Rechnen

Regeln und Beispiele
aller wichtigen Verfahre[n]

POCKET BUSINESS

Cornelsen

Verlagsredaktion: Erich Schmidt-Dransfeld
Technische Umsetzung: Holger Stoldt, Düsseldorf
Umschlaggestaltung: Ellen Meister, Berlin
Titelfoto: © Stefan Wagner, Berlin

Informationen über Cornelsen Fachbücher und Zusatzangebote:
www.cornelsen.de/berufskompetenz

2. Auflage

Druck: Druckhaus Berlin-Mitte GmbH

ISBN 978-3-589-23638-1

Inhalt gedruckt auf säurefreiem Papier
aus nachhaltiger Forstwirtschaft.

Inhalt

Einführung 7

1 Rechnerische Grundlagen 9

- Maße und Gewichte 9
- Dezimalsystem und andere Stellenwertsysteme 14
- Dualsystem und Rechnen mit Dualzahlen . 17
- Bruchrechnen 19
- Dezimalzahlen und Brüche 29

Magazinseite:
Tipps zum Zahlenrechnen 30

2 Der Dreisatz und weitere Sachaufgaben 32

- Dreisatz 32
- Kettensatz 42
- Verteilungsrechnen 44

Magazinseite:
Durchschnitt und Statistik 46

- Berechnung von Durchschnitten 48
- Mischungsrechnen 51

3 Prozentrechnen 55

- Prozentwert/Promillewert 57

Magazinseite:
Prozente mit Formeln und Tabellenkalkulation 62

- Prozentsatz/Promillesatz 64
- Grundwert 64
- Mehrwertsteuer 65

4 Zinsrechnen 68

- Zinsen berechnen 69
- Kapital berechnen 74
- Zinssatz berechnen 75
- Zeit berechnen 76
- Kapital- und Zinsrechnen vom vermehrten und verminderten Wert 77
- Effektivzins bei Skonto 79
- Effektivzins und Disagio bei Darlehen 80
- Zinseszins 84
- Arten von Darlehen 85

Magazinseite:
Zinsrechnung im Überblick 88

5 Finanzmathematische Anwendungen 90

- Diskontrechnen 90
- Terminrechnen 92

- Kontokorrentrechnen 97
- Devisenrechnen 99
- Effektenrechnen 101

6 Kalkulation 107

- Handelskalkulation 107
- Industriekalkulation 117

7 Betriebsstatistik 124

- Begriffe und grundsätzliches Vorgehen ... 124
- Statistische Maßzahlen 125
- Betriebliche Kennzahlen 130
- Darstellung statistischer Zahlen 131

Anhang: Lösungen der zusätzlichen Übungen 132

Stichwortverzeichnis 134

Weiterführende Literatur

Kaufmännisches Rechnen/Kalkulation

Breitscheidel, G./Garbow, W.: Rechnen für Bürokaufleute. Darmstadt, 2004

Deuschle, F.: Wirtschaftsrechnen. Bad Homburg, 1999

Härtl, J.: Kalkulation und Kostenrechnung. Berlin, 2002

Härtl, J.: Kalkulation. Berlin, 2000

(Wirtschafts-)Mathematik

Soika, C./Wippermann, H.: Mathematik – Grundwissen für den Beruf. Berlin, 1999

Glocke, Th./Kusch, L.: Mathematik Band 1 – Arithmetik und Algebra. Berlin, 1999

Borgmann, R./Knapp, J./Schöwe,R.: Mathematik zur Fachhochschulreife. Berlin, 2007

Leppig, M.: Mathematik Berufsfachschule. Berlin, 2005

Statistik

Kammermeyer, F./Zerpies, R.: Statistik. Berlin, 2003

Zahlenspielereien

Menninger, K.: Ali Baba und die 39 Kamele. Ergötzliche Geschichten von Zahlen und Menschen (Lernmaterialien). Köln, 2004

Einführung

Sie haben im beruflichen Alltag immer wieder mit den kaufmännischen Rechenverfahren zu tun, sind sich aber Ihrer Sache nie so ganz sicher? Oder Sie stecken noch in der Ausbildung oder schon in der Fortbildung und dabei ist auch Rechnen gefordert? Dann hilft Ihnen das vorliegende Bändchen auf folgende Weise weiter:

- Als Nachschlagewerk: Sie finden hier alle wesentlichen Regeln und Verfahren.
- Als Problemlöser: Zu den meisten Aufgabentypen, die sich praktisch stellen, bietet Ihnen der Band ein vorgerechnetes Muster, mit dem Sie rasch klar bekommen, wie diese Aufgabe gelöst wird.
- Als Schnellkurs zur Wiederholung und Übung: Natürlich können Sie die Kapitel auch systematisch durcharbeiten. Dann liegt es an Ihnen, nicht gleich auf die Lösungen zu schielen, sondern es erst einmal selbst zu probieren und dann zu vergleichen, ob Sie es richtig gemacht haben.

Von der Kulturtechnik zu Rechnungswesen und Betriebsstatistik

Da Rechnen die Grundlage jeder Rechnungslegung ist, kommt kein Kaufmann ohne es aus und zahlreiche der Rechenverfahren spielen auch in anderen Berufen eine große Rolle.
Historisch war der Weg vom bloßen Zählen und Messen über das Berechnen von Preisen in komplizierten Situationen und das Berechnen des Preises für Geld (Zinsen) bis zu heutigen Anwendungen in Finanzmathematik, Kalkulationsverfahren und Betriebsstatistik weit. Geschichtliches scheint bis heute bei den Maßsystemen durch.

Kennt noch jemand das alte Apothekergewicht der Drachme, die wiederum drei Skrupel ausmacht? Eine Drachme entspricht 3,6 g. Fragen Sie spaßeshalber einmal Ihren Apotheker danach! Diese Drachme stimmt übrigens nicht mit der aus dem alten Griechenland überein, diese betrug 4,4 g.

Erhalten haben sich alte Maße teils noch bei uns, teils in anderen Teilen der Welt und teils in bestimmten Fachbereichen:

Sie kennen noch das Dutzend = 12 Stück, vielleicht auch noch den Schock = 60 Stück oder das Gros = 144 Stück.
Möchte man zum Beispiel in Argentinien eine größere Menge zu Trinken bestellen, kann man das Hohlmaß Pipa verwenden. Man erhält dann 456 Liter. Genügend Gäste sind selbstverständlich Voraussetzung.
Trifft man auf Leute, die von ihrer Kreuzfahrt erzählen, ist es gut zu wissen, dass eine Bruttoregistertonne mit 2,832 Kubikmetern gemessen wird.

Besser mit Zahlen zurechtkommen – ein Tipp

Falls Sie zu den Leser/innen gehören, die sich mit Rechnen schwer tun, kann das daran liegen, dass Ihnen entscheidende Punkte früher nicht richtig erklärt wurden. Das „Vormachen" in diesem Bändchen wird Ihnen dann auf der praktischen Seite zunächst helfen.
Vielleicht liegen Ihnen aber auch einfach Zahlen nicht. Untersuchungen haben gezeigt, dass die reine Wiederholung wenig Effekt bringt, es hat keinen Sinn, das Gleiche noch einmal auf gleiche Art durchzukauen – verschaffen Sie sich einen neuen Zugang zu Zahlen! Wenn Sie Lust und Zeit haben, werfen Sie einen näheren Blick in die Geschichte, wie dies oben schon angeklungen ist. Und zum Üben des Rechnens an sich bieten sich Zahlenspielereien an, wozu es zahlreiche Bücher gibt (vgl. auch Literaturverzeichnis). Hier eine kleine Kostprobe, rechnen Sie doch einmal diese beiden Zahlenpyramiden nach:

$9 \cdot 0 + 1 =$	1	$8 \cdot 1 + 1 =$	9
$9 \cdot 1 + 2 =$	11	$8 \cdot 12 + 2 =$	98
$9 \cdot 12 + 3 =$	111	$8 \cdot 123 + 3 =$	987
$9 \cdot 123 + 4 =$	1111	$8 \cdot 1234 + 4 =$	9876
$9 \cdot 1234 + 5 =$	11111	$8 \cdot 12345 + 5 =$	98765
	usw.		usw.

Nun? Übt das auch auf Sie eine gewisse Faszination aus?
Jetzt aber erst einmal viel Erfolg mit den nachfolgenden Kapiteln des „alltäglichen Rechengeschäfts"!

1 Rechnerische Grundlagen

Maße – Zahlen – Brüche

1.1 Maße und Gewichte

Metrisches Maß- und Gewichtssystem

In diesem Maßsystem ergeben sich abgeleitete Größen durch Multiplikation mit oder Division durch 10, 100 oder 1.000 aus einer Grundeinheit. Es ist das in Deutschland im Geschäftsverkehr übliche und zugelassene System, das auf Meter und Kilogramm beruht. Es ist Teil des international verbreiteten SI-Einheitensystems. Für kaufmännische Belange sind bedeutsam:

Längenmaße

1 km	= 1.000 m			= 1.000.000 mm
	1 m	= 10 dm	= 100 cm	= 1.000 mm
		1 dm	= 10 cm	= 100 mm
			1 cm	= 10 mm

Flächenmaße

1 km²	= 100 ha	= 10.000 a	= 1.000.000 m²
	1 ha	= 100 a	= 10.000 m²
		1 a	= 100 m²
1 m²	= 100 dm²	= 10.000 cm²	= 1.000.000 mm²
		1 cm²	= 100 mm²

(ha = Hektar, a = Ar / statt km² auch qkm, statt m² auch qm usw.)

Körpermaße

1 m³	= 1.000 dm³	= 1.000.000 cm³	
	1 dm³	= 1.000 cm³	= 1.000.000 mm³
		1 cm³	= 1.000 mm³

(statt m³ auch cbm usw.)

Hohlmaße

1 m^3 = 10 hl	= 1.000 dm^3	= 1.000 l	
1 hl	= 100 dm^3	= 100 l	

(hl = Hektoliter, l = Liter)

1 dm^3 = 1 l	= 1.000 cm^3	= 1.000.000 mm^3	
	1 cm^3	= 1.000 mm^3	

Ferner: 1cl (Centiliter, Hundertstelliter) = 10 cm^3

Gewichte

1 t = 1.000 kg	= 1.000.000 g	
1kg	= 1.000 g	

(t = Tonne, kg = Kilogramm, g = Gramm)

Nicht ins metrische System gehörend, gesetzlich auch nicht mehr zugelassen, aber in der Praxis doch noch benutzt:

1 Zentner = 50 kg
1 Pfund = 500 g

Praxistipp

Es kommt alltäglich vor, dass Einheiten umgerechnet werden müssen. Durch die Verkettung über 10, 100 oder 1.000 zwischen den metrischen Einheiten lässt sich dies auf einfache Weise durch Verschieben des Kommas erreichen. Erinnern Sie sich:

Verschieben um 1 Kommastelle nach links = durch 10
Verschieben um 1 Kommastelle nach rechts = mal 10
Für 100 schiebt man um 2 Kommastellen, für 1.000 um 3 Kommastellen etc.

Beispiel:

Grundstücksgröße 20.000 ar = 20.000,00 ar – das sind
in ha geteilt durch 100, also 200,00 ha (2 Stellen nach links) und
in qm mal 100, also 2.000.000,00 qm (2 Stellen nach rechts)

Maßstäbe auf Landkarten/Straßenkarten

Der Maßstab 1 : 100.000 (der Doppelpunkt wird „zu“ gesprochen) bedeutet, dass 1 cm auf der Karte 100.000 cm in der Natur entspricht.
Rechnen wir um: 100.000 cm = 1.000 m = 1 km
(das hier gedachte Komma erst um 2 Stellen nach links ergibt Meter, dann um 3 Stellen nach links ergibt Kilometer).
Also 1 cm auf der Karte = 1 km in der der Natur.
Umgekehrt: Wie groß ist dann ein Radius von 50 km auf der Karte? Man ermittelt sofort 50 km = 1 km • 50 und da 1 km ja 1 cm entspricht, sind es auf der Karte 50 cm (zur Systematik für komplizierte Fälle vgl. Abschnitt 2.1 über den Dreisatz).

Englisches/amerikanisches Maß-/Gewichtssystem

Längenmaße

1 mile (m) = 1760 yards (yds.) = 1.609,34 m
1 yard (yd.) = 3 feet (ft.) = 91,44 cm
1 foot = 12 inches (inch) = 30,48 cm
1 inch = 2,54 cm

Flächenmaße

1 square yard (sq. yd.) = 9 square feet (sq. ft.) = 8.361,27 cm^2
1 square foot = 144 square inches = 929,03 cm^2
1 square inch = 6,45 cm^2

Körpermaße

1 cubic yard (cu. yd.) = 27 cubic feet (cu. ft.) = 0,764553 cm^3
1 cubic foot = 1728 cubic inches = 0,028317 cm^3
1 cm^3 = 35,3166 cubic feet

Amerikanische Gewichte

1 pound (lb.) = 0,454 kg
1 quarter (qr.) = 25 pounds (lbs.) = 11,34 kg
1 hundredweight (cwt.) = 4 quarters (qrs.) = 45,359 kg
1 short ton (ston) = 20 hundredweights (cwts.) = 907,185 kg

Englische Gewichte

1 ounce (oz.) = 28,35 g
1 pound = 16 ounces = 0,454 kg
1 quarter = 28 pounds = 12,7 kg
1 hundredweight = 4 quarters = 50,8 kg
1 long ton (lgt.) = 20 hundredweights = 1.016 kg

Flüssigkeitsmaße

1 imperial gallon = 4 imperial quarts = 4,545 Liter
1 US gallon = 3,785 Liter
1 imperial pint = 0,568 Liter
1 US pint = 0,473 Liter

Rechnen mit ausländischen Gewichten

Hundredweights (cwts), quarters (qrs) und pounds (lbs) werden, durch Punkte gegliedert, zu einer Angabe zusammengefasst.

Beispiel

cwts 3.5.11 bedeutet 3 cwts, 5 qrs und 11 lbs
cwts 3.–.11 bedeutet 3 cwts, keine qrs, 11 lbs
cwts –.5.11 keine cwts, 5 qrs, 11 lbs

Aufgabe

Wie vielen Kilo entsprechen englische cwts 44.3.26?

Lösung

44	·	50,8 kg	=	2.235,20 kg
3	·	12,7 kg	=	38,10 kg
26	·	0,454 kg	=	11,80 kg
Summe				2.285,10 kg

Aufgabe

Welches Gesamtgewicht ergibt sich aus engl. cwts 4.2.20 und cwts 6.3.16?

Lösung

	cwts	4.2.20	
+	cwts	6.3.16	
=	cwts	10.5.36	(Zwischenrechnung)
=	cwts	11.2. 8	(Lösungszeile)

Zur Umrechnung : 1qr entspricht 28 lbs. 1cwt entspricht 4 qrs. Also:
10.5.36 (Übertrag 28 lbs = 1 qr) = 10.6.8 (Übertrag 4 qrs = 1 cwt) = 11.2.8

Rechnen mit ausländischen Längenmaßen

Schreibweise und Rechnen mit Längenmaßen erfolgen analog zu den Gewichten. Man darf die Reihenfolge der Maße nicht verwechseln: 1 yard = 3 feet, 1 foot = 12 inches.

Beispiel

Eine Länge von 8 yards, 4 feet und 10 inches wird so dargestellt : yds 8.4.10
Eine Länge von 8 yards, null feet und 10 inches schreibt man yds 8.–.10

Aufgaben

a) Wie viele inches ergeben yds 8.4.10?
b) Wie viele yds sind 638 inches?
c) Wie viele cm bzw. m ergeben sich aus yds 8.4.10?

Lösungen

a)

yds 8.4	=	$8 \cdot 3 + 4$	=	28 ft (1 yd = 3 ft)
ft 28.10	=	$28 \cdot 12 + 10$	=	346 in (1 ft = 12 inches)

b)

638 inches : 36 = 17 yds Rest 26 inches
(1 yd x 3 = ft, dann x 12 = inches oder gleich x 36)
26 inches : 12 = 2 ft Rest 2 inches (1 ft = 12 inches)
638 inches = yds 17.2.2

c)

Yds 8.4.10 ergeben, wie bereits oben errechnet, 346 inches und 1 inch entspricht 2,54 cm.
346 inches · 2,54 cm = 878,84 cm = 8,788 m (1 m = 100 cm)

1.2 Dezimalsystem und andere Stellenwertsysteme

Unsere übliche Zahldarstellung erfolgt im Dezimalsystem (Zehnersystem), d.h. im Stellenwertsystem mit der Basis 10.

> Unter Stellenwertsystemen versteht man Zahlensysteme, bei denen der Wert der verwendeten Ziffern von ihrer Stellung innerhalb der Zahl abhängt.

Jedes Stellenwertsystem hat eine Basis, auch Grundzahl genannt. Diese Basis braucht nicht 10 zu sein, jede beliebige Zahl größer gleich 2 kommt infrage. Bedeutsam für die Anwendung sind die Basen 2, 4, 5, 10 und 16. Der Stellenwert einer Ziffer innerhalb einer Zahl steigt von rechts nach links. Folgende Darstellung soll dies verdeutlichen:

…	10^3	10^2	10^1	10^0	10^{-1}	10^{-2}	10^{-3}	…
…	5^3	5^2	5^1	5^0	5^{-1}	5^{-2}	5^{-3}	…
…	4^3	4^2	4^1	4^0	4^{-1}	4^{-2}	4^{-3}	…
…	2^3	2^2	2^1	2^0	2^{-1}	2^{-2}	2^{-3}	…

Das Zweiersystem wird auch Dualsystem oder Binärsystem genannt. Es wird in Abschnitt 1.3 genauer behandelt.

Darstellung im Dezimalsystem

Das Dezimalsystem (Zehnersystem) verwendet zur Darstellung die Ziffern 0,1,2,3,4,5,6,7,8 und 9, also insgesamt zehn Ziffern. Der Ziffernwert einer Dezimalzahl kann in Zahlen oder in Potenzen der Basis 10 dargestellt werden.

Beispiel

Die Dezimalzahl 6.897,789 hat diese Darstellung in Potenzen der Basis 10

$$
\begin{aligned}
& 6 \cdot 10^3 + 8 \cdot 10^2 + 9 \cdot 10^1 + 7 \cdot 10^0 + 7 \cdot 10^{-1} + 8 \cdot 10^{-2} + 9 \cdot 10^{-3} \\
= {} & 6.000 + 800 + 90 + 7 + \frac{7}{10} + \frac{8}{100} + \frac{9}{1.000} \\
= {} & \frac{6.897.789}{1.000} = 6.897{,}789
\end{aligned}
$$

Umrechnung zwischen den Systemen

Am Beispiel des Fünfersystems soll die Umrechnung erläutert werden. Dieses System arbeitet mit der Basis 5, verwendet werden die Ziffern 0, 1, 2, 3 und 4.

Aufgabe

Die Dezimalzahl 53,44 ist ins Fünfersystem umzuwandeln.

Lösung

$5^2 = 25$	$5^1 = 5$	$5^0 = 1$	$5^{-1} = \frac{1}{5} = 0{,}2$	$5^{-2} = \frac{1}{25} = 0{,}04$
2	0	3	2	1

Die Dezimalzahl 53,44 entspricht 203,21 im Fünfersystem.

Dezimaler Rechenweg

$5^2 = 25$		$5^1 = 5$		$5^0 = 1$	$5^{-1} = 0{,}2$	$5^{-2} = 0{,}04$
53,44		3,44		3,44	0,44	0.04
– 50,00		– 0,00		– 3,00	– 0,40	– 0,04
3,44		3,44		0,44	0,04	0,00
2 • 25	+	0 • 5	+	3 • 1	2 • 0,2	+ 1 • 0,04

Erläuterung der Vorgehensweise

Von der umzuwandelnden Dezimalzahl (53,44) subtrahiert man den Dezimalwert der nächst gelegenen 5er-Potenz. In 53 passt 2 mal 5^2 (2 x 25 = 50). Die 2 ergibt im Fünfersystem die erste Ziffer.

Vom Rest (3,44) subtrahiert man die nächste 5er-Potenz. Da 3,44 < 5 bleibt Rest 3,44 und als nächste Ziffer im Fünfersystem wird 0 notiert.

Die nächste 5er-Potenz ist 3 x in 3,44 enthalten, als Rest bleibt 0,44. Die 3 bildet die nächste Ziffer der gesuchten 5er-Zahl.

Da 0,2 zweimal in den Rest 0,44 passt, ergibt sich die Ziffer 2 als nächstes, allerdings nach dem Komma. Für den verbleibenden Rest 0,04 braucht man einmal die Potenz 5^{-2}. Damit ist 1 die letzte gesuchte Ziffer.

Die Dezimalzahl 53,44 entspricht also der Ziffernfolge 203,21 (gesprochen: zwei - null - drei - Komma - zwei - eins) im Fünfersystem.

Aufgabe

Welcher Dezimalzahl entspricht die Zahl 142 des Fünfersystems?

Lösung

Man verwandelt die einzelnen Ziffern in dezimale Stellenwerte und addiert auf:

1 entspricht 1 x 5^2 = 25
4 entspricht 4 x 5^1 = 20
2 entspricht 2 x 5^0 = 2
47

Hexadezimalsystem

Das 16er-System (Hexadezimalsystem) benötigt 16 Ziffern. Unser üblicher Ziffernvorrat reicht nicht aus. Man ergänzt ihn durch die Buchstaben A, B, C, D, E und F. Anwendung findet dieses System in der Datenverarbeitung, die auf der untersten Ebene auf dem Dualsystem beruht. Da die Basis 16 des Hexadezimalsystems eine Potenz von 2 ist, können hexadezimale und duale Zahlen gut ineinander umgerechnet werden.

Aufgabe

a) Die Speichereinheit 1 KB umfasst $2^{10} = 1024$ bit. Wie lautet die hexadezimale Darstellung von 1024?

b) Wie lautet die größte vierstellige Hexadezimalzahl, welcher Dezimalzahl entspricht sie?

Lösung

a) Die nächstgelegene 16er-Potenz ist $16^2 = 256$. Sie ist in 1024 viermal enthalten, d.h. $1.024 = 4 \cdot 256 = 4 \cdot 16^2$; also lautet die gesuchte Hexadezimalzahl 400.

b) Dies ist FFFF, wobei F als „Ziffer“ für 15 steht. Dies ist die Zahl $15 \cdot 16^3 + 15 \cdot 16^2 + 15 \cdot 16^1 + 15 \cdot 16^0$. Anstatt dies auszurechnen, können wir auch von der nächsthöheren Zahl 1 substrahieren, also $10000 - 1 = 1 \cdot 16^4 - 1 = 65.535$ rechnen.

1.3 Dualsystem und Rechnen mit Dualzahlen

Das Dualsystem (Binärsystem oder Zweiersystem) ist ein Stellenwertsystem mit der Basis 2, das die beiden Ziffern 0 und 1 verwendet. Praktische Anwendung findet dieses System wie im vorigen Abschnitt erwähnt in der elektronischen Datenverarbeitung. Ein Computer arbeitet mit den Zeichen 0 und 1, zum Beispiel „der Schalter ist offen" bzw. „der Schalter ist geschlossen" oder „es fließt Strom" bzw. „es fließt kein Strom". Die Umwandlung von Dezimalzahlen in Dualzahlen und umgekehrt erfolgt nach dem gleichen Prinzip wie bei den anderen Stellenwertsystemen.

Aufgabe

Die Dezimalzahl 25 ist in die entsprechende Dualzahl umzuwandeln.

Lösung

$2^4 = 16$	$2^3 = 8$	$2^2 = 4$	$2^1 = 2$	$2^0 = 1$	
25	9	1	1	1	
-16	-8	-0	-0	-1	
9	1	1	1	0	
$1 \cdot 16 +$	$1 \cdot 8 +$	$0 \cdot 4$	$0 \cdot 2 +$	$1 \cdot 1$	= 25 dezimal
1	1	0	0	1	= 11001 dual

Erläuterung

Man subtrahiert von der Dezimalzahl 25 den Dezimalwert der am nächsten gelegenen 2er-Potenz, also 1 x 16. Die 1 ist die erste Ziffer der gesuchten Dualzahl im Stellenwertschema. Von 9, dem verbleibenden Rest, wird auch wieder die nächste 2er-Potenz abgezogen, nämlich 1 x 8. Die 1 ist die nächste gesuchte Ziffer. Vom Rest, also 1, können die nächsten beiden 2er-Potenzen 4 und 2 nicht abgezogen werden, sodass im Stellenwertsystem zweimal eine 0 folgt. Erst im nächsten Schritt bleibt kein Rest mehr übrig. Damit ist 1 die letzte gesuchte Ziffer. Der Dezimalzahl 25 entspricht die Dualzahl 11001 (gesprochen: eins - eins - null - null - eins).

Aufgabe
Welche Dezimalzahl entspricht der Dualzahl 10,101?

Lösung
Zuerst wird die Dualzahl ins Stellenwertschema eingetragen, dann wandelt man die einzelnen Ziffern um.

	$2^1 = 2$	$2^0 = 1$	$2^{-1} = 0{,}5$	$2^{-2} = 0{,}25$	$2^{-3} = 0{,}125$
dual	1	0	1	0	1
dez.	$1 \cdot 2$	$0 \cdot 1$	$1 \cdot 0{,}5$	$0 \cdot 0{,}25$	$1 \cdot 0{,}125$

ergibt als Summe 2,625

Rechnen mit Dualzahlen

Man kann in beliebigen Stellenwertsystemen rechnen.

Die für das Dezimalsystem gültigen Rechenverfahren lassen sich in einem beliebigen Stellenwertsystem anwenden.

Ungewohnt sind die Überträge. Weil man dies in der Praxis aber selten braucht, wird dies nur exemplarisch anhand der Addition im Dualsystem gezeigt.

						1
					1	+ 1
				1	+1	+ 1
0	0	1	1	+ 1	+ 1	+ 1
+ 0	+ 1	+0	+ 1	+ 1	+ 1	+ 1
0	1	1	10	11	100	101

Aufgabe
Addieren Sie die Dualzahlen 100011,11 und 111,01!

Lösung

$$\begin{array}{lr} & 100011{,}11 \\ + & 111{,}01 \\ \hline & 101011{,}00 \end{array}$$

1.4 Bruchrechnen

Grundlagen

Vorbemerkung: In der Mathematik unterscheidet man Bruchzahlen (mathematische Objekte) und Brüche (als Benennung). Darauf wird in diesem auf das praktische Rechnen ausgerichteten Band verzichtet, hier geht es ausschließlich um Brüche.

Grundbegriffe

- Ein Bruch gibt an, wie ein Ganzes in eine Anzahl gleicher Teile geteilt wird. Der Bruch besteht aus einem Zähler und einem Nenner.
- Der Zähler gibt die Zahl der Teile an.
- Der Nenner nennt den Namen der Teile des Ganzen.

Beispiel

Schneidet man eine Torte in 7 gleiche Teile und gibt einem der Gäste davon 2 Stücke, erhält er 2 mal (Zähler) ein Siebtel (Nenner), also 2 Siebtel.

2 = Zähler (Zahl der Teile)
7 = Nenner (Name der Teile des Ganzen)

- Man unterscheidet echte und unechte Brüche.
  Bei einem echten Bruch ist der Nenner größer als der Zähler (echtes Teil).
  Bei einem unechten Bruch ist der Zähler größer als der Nenner (mehr als ein Ganzes).
- Gleichnamige Brüche weisen den gleichen Nenner auf.
- Ungleichnamige Brüche haben verschiedene Nenner.
- Eine gemischte Zahl setzt sich aus einer ganzen Zahl und einem echten Bruch zusammen.

echt:	$\frac{2}{7}$
unecht:	$\frac{7}{2}$
gleichnamig:	$\frac{2}{7}$ $\frac{3}{7}$ $\frac{4}{7}$
ungleichnamig:	$\frac{2}{3}$ $\frac{3}{5}$ $\frac{5}{9}$
gemischt:	$3\frac{4}{7}$ $5\frac{3}{8}$

Eine gemischte Zahl kann ohne weiteres in einen unechten Bruch verwandelt werden. Dazu multipliziert man die ganze Zahl mit dem Nenner und addiert den Zähler des Bruches. Die Summe ist der neue Zähler, der Nenner wird beibehalten.

Aufgabe

Die gemischte Zahl $5\frac{3}{8}$ soll in einen unechten Bruch verwandelt werden.

Lösung

1. Schritt: Neuen Zähler ermitteln
   $5 \cdot 8 + 3 = 40 + 3 = 43$
2. Nenner beibehalten $5\frac{3}{8} = \frac{43}{8}$

Aufgabe

Die unechten Brüche $\frac{26}{7}$ und $\frac{49}{8}$ sollen in gemischte Zahlen verwandelt werden.

Lösung

26 : 7 = 3 Rest 5. Die gemischte Zahl lautet also $3\frac{5}{7}$

49 : 8 = 6 Rest 1. Die gemischte Zahl lautet $6\frac{1}{8}$

Es gibt auch noch den Begriff des Scheinbruches. Hierbei handelt es sich um eine ganze Zahl mit dem Nenner 1, zum Beispiel $\frac{18}{1}$, $\frac{12}{1}$ usw. (es wurde nur „ein Teil gebildet"). Das ist zu unterscheiden von Brüchen, deren Zähler und Nenner gleich sind. Diese Brüche sind keine Scheinbrüche, sie haben aber immer den Wert 1:

$\frac{5}{5} = 1$, $\frac{1867}{1867} = 1$ usw.

Erweitern und Kürzen

Brüche werden erweitert, indem man den Zähler und den Nenner mit der gleichen Zahl multipliziert. Der Wert des Bruches bleibt dabei unverändert.

Beispiel

$\frac{2}{7}$ mit 3 erweitern: $\frac{2 \cdot 3}{7 \cdot 3} = \frac{6}{21}$

$\frac{2}{7}$ mit 5 erweitern: $\frac{2 \cdot 5}{7 \cdot 5} = \frac{10}{35}$

Brüche werden gekürzt, indem man den Zähler und den Nenner durch die gleiche Zahl dividiert. Der Wert des Bruches bleibt dabei ebenfalls unverändert.

Beispiel

$\frac{8}{20}$ mit 2 kürzen: $\frac{8 : 2}{20 : 2} = \frac{4}{10}$

$\frac{8}{20}$ mit 4 kürzen: $\frac{8 : 4}{20 : 4} = \frac{2}{5}$

Die Voraussetzung zum Kürzen ist, dass Zähler und Nenner einen gemeinsamen Teiler haben (d.h. dass es eine Zahl gibt, durch die sich Zähler und Nenner ohne Rest teilen lassen). Als nützlich erweisen sich hier die Teilbarkeitsregeln.

Teilbarkeitsregeln

Eine Zahl ist teilbar durch

2 wenn sie gerade ist.
3 wenn die Quersumme durch 3 teilbar ist.
4 wenn die letzten beiden Ziffern durch 4 teilbar sind.
5 wenn die letzte Ziffer eine 5 oder eine 0 ist.
6 wenn sie durch 2 und durch 3 teilbar ist.
8 wenn die durch die letzten drei Ziffern gebildete Zahl durch 8 teilbar ist.
9 wenn die Quersumme durch 9 teilbar ist.

Addieren von Brüchen

Fachbegriffe beim Addieren

$$\overbrace{3 + 5}^{\text{Summe}} = 8$$

3	+	5	=	8
Summand	+	Summand	=	Summenwert

Rechenvorgang

Beim Addieren von Brüchen muss unterschieden werden, ob die Brüche gleichnamig sind oder nicht.

Regel 1: Gleichnamige Brüche werden addiert, indem man die Zähler addiert und den Nenner beibehält.

Beispiel

$$\frac{11}{61} + \frac{3}{61} + \frac{37}{61} + \frac{15}{61} + \frac{7}{61} = \frac{73}{61} = 1\,\frac{12}{61}$$

Ungleichnamige Brüche müssen zuerst durch einen gemeinsamen Nenner gleichnamig gemacht werden.

Regel 2: Ungleichnamige Brüche werden gleichnamig gemacht, indem sie auf den Hauptnenner gebracht werden. Dann können sie addiert werden wie in Regel 1.

Als Hauptnenner verwendet man meist die kleinste Zahl, in der alle Nenner der zu addierenden Brüche enthalten sind.

Beispiel

Die Brüche $\frac{1}{3}, \frac{3}{4}$ und $\frac{5}{6}$ sind zu addieren.

Zuerst sucht man nach einem gemeinsamen Nenner. Der leichtesteWeg: Man multipliziert die verschiedenen Nenner miteinander. Dadurch kann sich aber ein unnötig großer gemeinsamer Nenner ergeben. Durch die Zerlegung der Nenner in Primfaktoren kann man den kleinsten gemeinsamen Nenner ermitteln.

Für jeden der Summanden erhält man den Erweiterungsfaktor, indem man den bisherigen Nenner durch den Hauptnenner dividiert (teilt).

Beispiel

$\frac{1}{3}+\frac{3}{4}+\frac{5}{6}=?$

1. Möglichkeit:
   gemeinsamer Nenner als Produkt
   $3 \cdot 4 \cdot 5 = 72$
   Erweitern der Brüche

$$\frac{72}{3} = 24 \qquad \frac{1 \cdot 24}{3 \cdot 24} = \frac{24}{72}$$

$$\frac{72}{4} = 18 \qquad \frac{3 \cdot 18}{4 \cdot 18} = \frac{54}{72}$$

$$\frac{72}{6} = 12 \qquad \frac{5 \cdot 12}{6 \cdot 12} = \frac{60}{72}$$

Addition der erweiterten Brüche

$$\frac{24}{72} + \frac{54}{72} + \frac{60}{72} = \frac{138}{72} = 1\frac{66}{72} = 1\frac{22}{24} = 1\frac{11}{12}$$

2. Möglichkeit: kleinster gemeinsamer Nenner
   Zerlegung der Nenner in Primfaktoren:

$3 = 1 \cdot 3$
$4 = 2 \cdot 2$
$6 = 2 \cdot 3$

Man sucht sich von jedem vorkommenden Primfaktor das Produkt mit der größten Anzahl und multipliziert diese Produkte $3 \cdot 2 \cdot 2 = 12$

Erweitern der Brüche auf den Hauptnenner 12

$$\frac{12}{3} = 4 \qquad \frac{1 \cdot 4}{3 \cdot 4} = \frac{4}{12}$$

$$\frac{12}{4} = 3 \qquad \frac{3 \cdot 3}{4 \cdot 3} = \frac{9}{12}$$

$$\frac{12}{6} = 2 \qquad \frac{5 \cdot 2}{6 \cdot 2} = \frac{10}{12}$$

Addieren der erweiterten Brüche

$$\frac{4}{12} + \frac{9}{12} + \frac{10}{12} = \frac{23}{12} = 1\frac{11}{12}$$

Aufgabe

Gesucht ist der kleinste gemeinsame Nenner der Zahlen 8, 16, 12, 9 und 27.

Lösung

$8 = 2 \cdot 2 \cdot 2$
$16 = 2 \cdot 2 \cdot 2 \cdot 2$
$12 = 2 \cdot 2 \cdot 3$
$9 = 3 \cdot 3$
$27 = 3 \cdot 3 \cdot 3$

Die größte Anzahl gleicher Fakoren kommt bei der Zahl 16 und bei der Zahl 27 vor. Multipliziert man diese Produkte miteinander, erhält man den kleinsten gemeinsamen Nenner:

$2 \cdot 2 \cdot 2 \cdot 2 \cdot 3 \cdot 3 \cdot 3 = 432$

Aufgabe

Folgende Zahlen sind zu addieren:

$3\frac{2}{5}, \frac{2}{7}, 2\frac{3}{8}, \frac{7}{10}$

Man kann die ganzen Zahlen und die Brüche getrennt addieren und addiert am Ende die beiden Teilergebnisse. Also:

$3 + 2 = 5$

Addition der Brüche

Ermittlung des kleinsten gemeinsamen Nenners

$5 = 1 \cdot 5$

$7 = 1 \cdot 7$

$8 = 2 \cdot 2 \cdot 2$

$10 = 2 \cdot 5$

Gemeinsamer Nenner $= 2 \cdot 2 \cdot 2 \cdot 5 \cdot 7 = 280$

Erweiterung der Brüche

$\frac{280}{5} = 56 \quad \frac{2 \cdot 56}{5 \cdot 56} = \frac{112}{280}$

$\frac{280}{7} = 40 \quad \frac{2 \cdot 40}{7 \cdot 40} = \frac{80}{280}$

$\frac{280}{8} = 35 \quad \frac{3 \cdot 35}{8 \cdot 35} = \frac{105}{280}$

$\frac{280}{10} = 28 \quad \frac{7 \cdot 28}{10 \cdot 28} = \frac{196}{280}$

Addieren der Brüche

$\frac{112}{280} + \frac{80}{280} + \frac{105}{280} = \frac{196}{280} = \frac{493}{280} = 1\frac{213}{280}$

Lösung

$5 + 1\frac{213}{280} = 6\frac{213}{280}$

Eine andere Möglichkeit besteht darin, die gemischten Zahlen in unechte Brüche umzuwandeln. Aus $3\frac{2}{5}$ wird $\frac{17}{5}$ und aus $2\frac{3}{8}$ wird $\frac{19}{8}$. Die anschließende Vorgehensweise ist wie oben: Ermittlung des kleinsten gemeinsamen Nenners, Erweiterung und Addieren der Brüche. Man rechnet dabei lediglich mit den größeren Zählern (vgl. Aufgabe beim Subtrahieren).

Subtrahieren von Brüchen

Fachbegriffe beim Subtrahieren

	Differenz			
8	–	3	=	5
Minuend	–	Subtrahend	=	Differenzwert

Rechenvorgang

Das Subtrahieren von Brüchen erfolgt nach den gleichen Regeln wie das Addieren.

Handelt es sich um gleichnamige Brüche, bleiben die Nenner unverändert und nur die Zähler werden voneinander abgezogen. Bei ungleichnamigen Brüchen muss zuerst wieder ein gemeinsamer Nenner gesucht werden. Ist der Subtrahend größer als der Minuend, erhält man ein negatives Ergebnis.

Aufgabe

Von $\frac{3}{4}$ sind $\frac{5}{7}$ zu subtrahieren.

Lösung

Der gemeinsame Nenner ist 28.
Das führt auf

$$\frac{3}{4}-\frac{5}{7}=\frac{21}{28}-\frac{20}{28}=\frac{1}{28}$$

Aufgabe

Welches Ergebnis erhält man, wenn man von $5\frac{2}{3}$ die Zahl $8\frac{1}{6}$ substrahiert (abzieht)?

Lösung

Hier wird der Weg gewählt, zunächst in unechte Brüche umzuwandeln. Man könnte auch zunächst die ganzen Zahlen zusammenfassen (vgl. Aufgabe beim Addieren):

$$5\frac{2}{3}-8\frac{1}{6}=\frac{17}{3}-\frac{49}{6}=\frac{34}{6}-\frac{49}{6}=\frac{-15}{6}=-2\frac{3}{6}$$
$$=-2\frac{1}{2}$$

Multiplizieren von Brüchen

Fachbegriffe beim Multiplizieren

$$\overbrace{3 \cdot 5}^{\text{Produkt}} = 15$$

Faktor · Faktor = Produktwert

Beachten Sie:

- Die Faktoren eines Produkts kann man vertauschen.
- Ein Produkt ergibt immer 0, wenn ein Faktor 0 ist.

Rechenvorgang

Theoretisch gibt es drei Möglichkeiten, Multiplikationen mit Brüchen vorzunehmen und das haben wir in der Schule auch schrittweise gelernt:

- Ein Bruch wird mit einer ganzen Zahl multipliziert:
  Man multipliziert nur den Zähler des Bruches mit der ganzen Zahl und behält den Nenner bei.

  $5 \cdot \frac{3}{7} = \frac{15}{7} = 2\frac{1}{7}$ oder $\frac{5}{1} \cdot \frac{3}{7} = \frac{5 \cdot 3}{1 \cdot 7} = \frac{15}{7} = 2\frac{1}{7}$

- Eine gemischte Zahl wird mit einer ganzen Zahl multipliziert:
  Man multipliziert sowohl die ganze Zahl als auch den Bruch.

  $4 \cdot 3\frac{1}{2} = 4 \cdot 3 + 4 \cdot \frac{1}{2} = 12 + \frac{4}{2} = 12 + 2 = 14$ oder $\frac{4}{1} \cdot \frac{7}{2} = \frac{28}{2} = 14$

- Ein Bruch wird mit einem Bruch multipliziert.
  Auf diese dritte Möglichkeit lassen sich auch die beiden ersten reduzieren, indem man alle ganzen Zahlen und alle gemischten Zahlen zunächst in Scheinbrüche (Nenner 1, vgl. S. 20) verwandelt. Für die Multiplikation von Bruch mit Bruch gilt folgende Regel:

  Ein Bruch wird mit einem Bruch einfach dadurch multipliziert, dass Zähler mit Zähler multipliziert und Nenner mit Nenner multipliziert werden.

Man sollte vor dem Multiplizieren so weit wie möglich kürzen.

Aufgabe

Welches Ergebnis erhält man bei der Multiplikation von $4\frac{1}{5}$ mit $\frac{3}{4}$?

Lösung

$3\frac{3}{20}$

Dividieren von Brüchen

Fachbegriffe beim Dividieren

Quotient				
8	:	4	=	2
Teilungszahl	:	Teiler	=	Quotientwert
Dividend		Divisor		

Beachten Sie

- Dividiert man 0 durch einen Bruch, so ergibt sich 0.
- Man kann nicht durch 0 dividieren.
- Sind Dividend und Divisor gleich, erhält man 1 als Ergebnis.

Analog zum Multiplizieren gibt es drei Möglichkeiten:

- Einen Bruch durch eine ganze Zahl dividieren:
  Dazu multipliziert man den Nenner mit der ganzen Zahl.
  $\frac{1}{3} : 4 = \frac{1}{(3 \cdot 4)} = \frac{1}{12}$
- Eine gemischte Zahl durch eine ganze Zahl dividieren:
  Dazu dividiert man ganze Zahl und Bruch.
  $8\frac{1}{3} : 4 = 8 : 4 + \frac{1}{3} : 4 = 2 + \frac{1}{12} = 2\frac{1}{12}$
- Bruch dividiert durch Bruch – darauf lassen sich die beiden obigen Möglichkeiten durch Umwandlung in Scheinbrüche zurückführen. Es gilt:
  Zwei Brüche werden dividiert, indem der erste mit dem Kehrwert des zweiten Bruches multipliziert wird.

Damit gelten die gleichen Regeln wie beim Multiplizieren. Treten Aufgaben mit Klammern auf, so sind diese immer zuerst auszurechnen.

Aufgabe

Was ergibt $\frac{4}{9} : 16$?

Lösung

$$\frac{4}{9} : 16 = \frac{4}{9} : \frac{16}{1} = \frac{4}{9} \cdot \frac{1}{16} = \frac{1}{36}$$

Aufgabe

Welches Ergebnis ergibt sich aus $3\frac{2}{3} : \frac{1}{6}$?

Lösung

$$3\frac{2}{3} : \frac{1}{6} = \frac{11}{3} : \frac{1}{6} = 22$$

Aufgabe

Wie lautet das Ergebnis von $\frac{6}{7} : (\frac{5}{14} : \frac{2}{5})$?

Lösung

$$\frac{6}{7} : (\frac{5}{14} : \frac{2}{5}) = \frac{6}{7} : \frac{25}{28} = \frac{24}{25}$$

Doppelbrüche berechnet man durch Multiplizieren mit dem Kehrwert des unteren Bruches.

Beispiel

$$\frac{\frac{7}{8}}{\frac{7}{16}} = \frac{7}{8} \cdot \frac{16}{7} = 2$$

$$\frac{\frac{7}{8}}{100} = \frac{7}{8} \cdot \frac{1}{100} = \frac{7}{800}$$

1.5 Dezimalzahlen und Brüche

Eine Dezimalzahl ist nichts anderes als ein Bruch, bei dem die Bruchteile in Kommastellen angegeben sind. Man spricht deshalb auch von Dezimalbrüchen. Mit den meisten Taschenrechnern fällt das Rechnen mit Dezimalzahlen leichter, da sie keine Funktion zum Bruchrechnen enthalten.
Endliche Dezimalbrüche sind zum Beispiel $0{,}125 = \frac{125}{1.000}$ oder $0{,}875 = \frac{875}{1.000}$. Für das Umwandeln gilt:

> Man verwandelt einen Bruch in eine Dezimalzahl, indem man den Zähler durch den Nenner teilt.

> Man verwandelt eine Dezimalzahl in einen Bruch, indem man die nach dem Komma stehende Zahl durch 10,100, 1000 etc. – je nach Anzahl der Stellen – dividiert.

Nicht alle Brüche liefern endliche Dezimalzahlen. Ergibt sich eine unendliche Dezimalzahl, können sich eine oder mehrere Ziffern periodisch wiederholen. Bei solchen periodischen Dezimalbrüchen unterscheidet man solche mit
reiner Periode, z.B. $0{,}\overline{3}$; $0{,}\overline{23}$; $0{,}\overline{123}$ und mit
nicht reiner Periode, z.B. $0{,}67\overline{3}$; $0{,}2\overline{3}$; $0{,}75\overline{18}$

Dezimalbrüche mit Periode lassen sich exakt in Brüche umwandeln, was plausibel ist, weil sie durch Division von Zähler durch Nenner aus einem Bruch entstanden sind, was man rückwandelt. Da man im kaufmännischen Bereich stets nach einer vorgegebenen Anzahl von Stellen nach dem Komma rundet, spielt das Rechnen mit unendlichen Dezimalbrüchen in der kaufmännischen Praxis eine sehr nachgeordnete Rolle und wird deshalb hier nicht vertieft. Folgende Beispiele zeigen lediglich das Prinzip:

Beispiele
$0{,}\overline{3} = \frac{3}{9} = \frac{1}{3}$ $\quad$ $6{,}\overline{79} = 6\frac{79}{99}$ $\quad$ $12{,}\overline{579} = 12\frac{579}{999}$

Überblick: Tipps zum Zahlenrechnen

1. In der kaufmännischen Praxis wird bevorzugt mit Dezimalzahlen gerechnet, und zwar mit fester Stellenzahl, die aus dem Sachzusammenhang vorgegeben ist.

   Beachten Sie, mit wie vielen Stellen gerechnet und auf wie viele Stellen am Ende gerundet werden soll.

   Grund für diese Unterscheidung: Rundet man zu früh, können sich Rundungsfehler bei umfangreichen Rechnungen zu nennenswerten Beträgen aufaddieren.

2. In zahlreichen Vorschriften und Gesetzen finden sich Angaben zu Teilen in Form von Brüchen, z. B. wird eine bestimmte Abgabe als drei Hundertstel definiert u. Ä. Wie in diesem Beispiel erfolgen Prozentangaben ebenfalls oft in Brüchen und bei vielen Rechenverfahren (z. B. beim Verteilungs- und Mischungsrechnen) ist das Rechnen mit Brüchen das praktischere Vorgehen. Deshalb muss auch der Kaufmann die grundlegenden Regeln des Bruchrechnens parat haben:
   - Kürzen = Zähler und Nenner durch die gleiche Zahl dividieren.
   - Erweitern = Zähler und Nenner mit der gleichen Zahl multiplizieren.
   - Brüche vor dem Addieren oder Subtrahieren gleichnamig machen. Dann die Zähler addieren bzw. subtrahieren und den gemeinsamen Nenner beibehalten.
   - Brüche werden multipliziert, indem Zähler mal Zähler und Nenner mal Nenner gerechnet wird.
   - Brüche werden dividiert, indem mit dem Kehrwert multipliziert wird.

❸ Brüche und Dezimalzahlen können jederzeit ineinander umgewandelt werden:

- Aus dem Bruch entsteht die Dezimalzahl, indem der Zähler durch den Nenner dividiert wird.
- Aus der Dezimalzahl entsteht der Bruch, indem die Nachkommazahl als 10tel, 100stel etc. angegeben wird.

❹ Tipps für Brüche an Taschenrechner und PC

a) Ohne Funktion zur Verarbeitung von Brüchen
Bei der Eingabe wird die Hilfsrechnung „Zähler dividiert durch Nenner" vorgenommen und mit dem Zwischenergebnis weitergearbeitet. Vorsicht: Rechner bzw. Programm verwenden die ihnen maximal mögliche Dezimalstellenzahl! Möchten Sie mit weniger arbeiten (z.B. bei Geldbeträgen nur zwei Stellen), so müssen Sie runden – entweder manuell oder, sofern vorhanden, durch eine Rundungsfunktion von Rechner oder Programm.

b) Mit Funktion zur Verarbeitung von Brüchen
Beispielsweise das Tabellenkalkulationsprogramm Microsoft Excel® gestattet es, für Zellen (= Ein- und Ausgabefelder der Tabelle) beim Zahlenformat „Bruch" auszuwählen. Dabei müssen Voreinstellungen über die Stellenzahl von Zähler und Nenner beachtet werden. Der Bruchstrich wird als Schrägstrich angezeigt. So ist es möglich, Brüche unmittelbar einzugeben oder Ergebnisse in der Bruchform ausgeben zu lassen. Beachten Sie auch hier die Dezimalstellenzahl. Die Anzahl, mit der gerechnet wird, muss nicht mit der angezeigten identisch sein! (Die Formatwahl steuert nur die Anzeige, die Rundungsfunktion den Rechenwert.)

2 Der Dreisatz und weitere Sachaufgaben

Dreisatz – Kettensatz – Verteilung – Durchschnitt – Mischung

Vorbemerkung
In diesem Kapitel werden Dreisätze und Rechenverfahren mit gleichem mathematischen Kern („Proportion“) zusammengefasst, die auf eine Vielzahl von Sachsituationen zutreffen. Der mathematische Kern soll nicht vertieft werden, vielmehr bietet das Kapitel einfache funktionierende Regeln für die Praxis. Die Auswahl der Beispiele ist so getroffen, dass alle Aufgabentypen exemplarisch erläutert werden. Die Aufgaben sind teils auf das Prinzipielle reduziert und leicht übertragbar, teils aber auch lustig, damit der Stoff nicht gar so trocken daherkommt.

2.1 Dreisatz

Häufig besteht zwischen zwei Größen ein rechnerischer Zusammenhang. Ist die Gesetzmäßigkeit bekannt, reicht *ein* Größenpaar als Angabe, um zu einer dritten Größe die vierte fehlende zu errechnen. Im einfachsten Fall entspricht

- dem x-fachen von der einen Größe das x-fache der anderen Größe (*mathematisch*: direkte Proportionalität) oder
- dem x-fachen von der einen Größe der x-te Teil der anderen Größe (mathematisch: umgekehrte Proportionalität).

Diese beiden Fälle sind in der kaufmännischen Praxis weit überwiegend gegeben. Die vierte fehlende Größe lässt sich mit dem Dreisatz ermitteln, weshalb dieser sehr oft genutzt wird.

Beispiele

1. Verbrauch und Personenzahl: Wie viele Torten müssen für einen Geburtstag bestellt werden, wenn 35 Leute erwartet werden und sechs Personen eine Torte essen?

2. Arbeitskräfte und Arbeitsmenge: Wie viele Babysitter sollte man für 19 Babys engagieren, wenn ein Babysitter mit zwei Babys ausgelastet ist?
3. Menge und Preis: Wie viele Teddybären bekommt man für 98 Euro, wenn ein Teddybär 4,98 Euro kostet?
4. Mehr als zwei Größen: Drei Lkw mit je 4,8 t Nutzlast befördern 3.800 t Kies in fünf Tagen. Wie lange brauchen die drei Lkw für 2.700 t? Oder: Wie viele Lkw müssen zusätzlich eingesetzt werden, wenn die Arbeit in nur drei Tagen geschafft werden soll?

Beachten Sie bei den Beispielen zweierlei: Erstens liegt die rechnerische Gesetzmäßigkeit auf der Hand, sie ist uns irgendwie „logisch" klar. Zweitens gehen die Aufgaben nicht unbedingt glatt auf – das unterscheidet das praktische kaufmännische Rechnen möglicherweise von Aufgaben, die Sie noch aus der Schule kennen. Sie müssen selbst am Ende durch Auf- oder Abrunden eine sinnvolle, sachgerechte Lösung formulieren! Hier Beispiele, die sich nicht mit dem Dreisatz lösen lassen:

Gegenbeispiele

1. Fünf Pferde laufen in 20 Minuten eine Strecke von sechs Kilometern. Wie lange brauchen sieben Pferde? *(So mancher Projektmanager würde gern sieben Pferde zur Beschleunigung einsetzen ...)*
2. Drei Arbeiter schaufeln in einer Stunde eine Grube in der Größe von zwei Kubikmetern aus. Wie lange brauchen dafür 97 Arbeiter? *(Dreisätze haben also durchaus etwas mit der Realität zu tun ...).*

Einfacher Dreisatz

Man unterscheidet geraden Dreisatz (Proportionalität) und ungeraden Dreisatz (umgekehrte Proportionalität).

> Hat man eine Aufgabe vorliegen, ist als erstes zu klären, ob es sich überhaupt um einen Dreisatz handelt und wenn ja, um einen geraden oder einen ungeraden. Danach bestimmt sich das Lösungsverfahren.

Es sind nur zwei Regeln, die man hierbei beachten muss. Hält man sich strikt an die Vorgaben (ausnahmsweise ist hier Sturheit eine Tugend), kommt man ohne Probleme zum richtigen Ergebnis.

Natürlich gibt es mehrere Methoden, Dreisätze „zu erklären". Nachfolgend ist eine gewählt, die nur wenig Aufwand fordert und sich im Unterricht des Autors bestens bewährt hat.

- 1. Regel: Gerader Dreisatz
  Hier nimmt eine Größe bei Zunahme einer anderen Größe ebenfalls zu (und umgekehrt). Dabei muss dem Doppelten das Doppelte, dem Dreifachen das Dreifache entsprechen usw. Typisches Beispiel sind Menge und Preis, weitere Beispiele bieten die noch folgenden Aufgaben.
  In dem im nächsten Abschnitt dargestellten Rechenverfahren muss dann „über Kreuz" multipliziert werden.
- 2. Regel: Ungerader Dreisatz
  Hier nimmt eine Größe bei Zunahme einer anderen Größe ab (und umgekehrt). Dabei muss dem Doppelten die Hälfte, dem Dreifachen ein Drittel entsprechen usw. Typisches Beispiel sind Arbeitskräfte und benötigte Arbeitszeit für eine bestimmte Arbeitsmenge.
  In dem im nächsten Abschnitt dargestellten Rechenverfahren muss dann „waagerecht" multipliziert werden.

Gerader Dreisatz

mehr	⟶	mehr	„über Kreuz"
weniger	⟶	weniger	multiplizieren

Ungerader Dreisatz

mehr	⟶	weniger	„waagerecht"
weniger	⟶	mehr	multiplizieren

Rechenverfahren beim Dreisatz mit geradem Verhältnis

Zur Erklärung dient die „Grundaufgabe" schlechthin, nämlich die Menge-Preis-Relation und dies mit Zahlen, die man leicht im Kopf rechnen kann:
5 kg Bärenfutter kosten 15,– €. Wie viel Euro kosten 8 kg Bärenfutter? Als Ergebnis erhält man 24,– €.

Die Lösung erfolgt über drei Zeilen („Sätze“, daher Dreisatz):

① Man bildet den Bedingungssatz, der vollständige Angaben enthält.

② Der Fragesatz fragt nach der unbekannten Größe.

③ Der Bruchsatz bietet schließlich die Lösung.

Den Bedingungssatz und den Fragesatz denkt man sich auch als Bruch. Gleiche Größen sollte man immer übereinander schreiben und die gesuchte Größe am Schluss des Fragesatzes. Dies muss zwar nicht unbedingt sein, verhindert aber, dass man etwas vertauscht oder vergisst.

① Bedingungssatz	m ↓	5 kg	15 €	↓ m	(gedachter
② Fragesatz		8 kg	x		Bruchstrich)

③ Bruchsatz $\frac{15\,€ \cdot 8\,\text{kg}}{5\,\text{kg}} = 24\,€$ m = mehr

Beschreibung des Vorgehens

Der Bedingungssatz enthält die vollständigen Angaben (das gegebene Größenpaar), hier die Angabe, dass 5 kg Bärenfutter 15,– € kosten.

Im Fragesatz stehen die Einheiten genauso angeordnet wie im Bedingungssatz und die gesuchte Größe ist rechts angeordnet (x oder ?). Beide Sätze bilden den gedachten Bruch.

Die über dem x stehende Zahl wird immer auf den Bruchstrich im Bruchsatz geschrieben. Anschließend vergleicht man die Größen des Bedingungssatzes mit denen des Fragesatzes und überprüft, ob sie in Richtung des Fragesatzes (Pfeile!) mehr oder weniger werden.

Die 8 kg im Fragesatz sind mehr als die 5 kg im Bedingungssatz. Bisher verlief alles rein mechanisch nach Regeln. Jetzt muss man einmal kurz überlegen. Wenn 5 kg 15 € kosten, kosten dann 8 Kilo mehr oder weniger Euro? Da eindeutig ein „mehr“ herauskommt (und dem Doppelten das Doppelte entspricht usw.), handelt es sich um ein gerades Verhältnis.

Bei „mehr ⟶ mehr“ muss über Kreuz multipliziert werden. Die 8 kg von dem gedachten Bruchstrich (hier stehen sie unten) wandern im Bruchsatz nach oben und die 5 kg von dem gedachten Bruchstrich (hier stehen sie oben) wandern im Bruchsatz nach unten. Das ist mit dem Begriff „über Kreuz“ gemeint.

Aufgabe (Arbeitszeitberechnung für Arbeitsmenge)

Zum Entladen eines Containers mit 540 t Ware werden 7 h benötigt. Wie viele Tonnen schafft man in 2,5 h?

Lösung

① Bedingungssatz	w ↓	7 Std.	540 t ↓ w
② Fragesatz		2,5 Std.	x

w = weniger

③ Bruchsatz $\frac{540\ t \cdot 2{,}5\ Std.}{7\ Std.} = 192{,}857\ t$

Die 540 t setzt man gleich auf den Bruchstrich. 2,5 h sind weniger als 7 h. Wenn man in 7 h 540 t ausladen kann, schafft man dann in 2,5 h mehr oder weniger Tonnen? Man schafft weniger Tonnen. Bei „weniger–> weniger" liegt ein gerades Verhältnis vor, sodass über Kreuz multipliziert wird. Die 7 h wandern von oben nach unten und die 2,5 h von unten nach oben.

Bitte beachten: Man vergleicht die Veränderung der Größen ausgehend vom Bedingungssatz in Richtung des Fragesatzes. Die Pfeile zeigen also immer nach unten.

Aufgabe („Material"verbrauch)

3 Ameisenbären (AB.) wandern durch Afrika und fressen 18.790 Termiten (T.). Auf wie viele Termiten haben 7 Ameisenbären Hunger?

Lösung

① Bedingungssatz	m ↓	3 AB.	18.790 T. ↓ m
② Fragesatz		7 AB.	x

③ Bruchsatz $\frac{18.790\ T. \cdot 7\ AB.}{3\ AB.} = 43.843{,}3$ Termiten

Hatte der Ameisenbär bei der letzten Termite keinen Hunger mehr und hat mehr als die Hälfte davon übrig gelassen …?
Praxistipp: Runden Sie bei solchen Aufgaben oder arbeiten Sie von vorneherein sachangemessen mit groben Zahlen!

Rechenverfahren beim Dreisatz mit ungeradem Verhältnis

Zum Verstehen betrachten wir wieder eine Grundaufgabe (Anzahl-Zeit-Relation), die man im Kopf lösen kann. 2 Gärtner gießen eine Gartenfläche in 6 h. Wie viele Stunden benötigen 3 Gärtner? Sie müssen nur 4 h aufwenden. Als Dreisatz:

① Bedingungssatz	m ↓	2 Gärt.	6 Std.	↓ w
② Fragesatz		3 Gärt.	x	

③ Bruchsatz $\frac{6\ \text{Std.} \cdot 2\ \text{Gärtner}}{3\ \text{Gärtner}} = 4\ \text{Std.}$

Beschreibung des Vorgehens

Die 6 h über dem x schreibt man wieder auf den Bruchstrich im Bruchsatz. Die 3 Gärtner im Fragesatz sind mehr als die 2 Gärtner im Bedingungssatz (Pfeilrichtung!). Wenn 2 Gärtner 6 h benötigen, brauchen dann drei Gärtner mehr oder weniger Zeit? Sie brauchen weniger Zeit. Hier liegt das Verhältnis „mehr —> weniger" vor (doppelte Anzahl – halbe Zeit etc.).

Bei einem ungeraden Verhältnis muss waagerecht multipliziert werden. Die Position der Zahlen im gedachten Bruchstrich wird übernommen auf den Bruchstrich im Bruchsatz. Die 2 Gärtner stehen im gedachten Bruchstrich oben und bleiben im Bruchsatz oben. Die 3 Gärtner stehen im gedachten Bruchstrich unten und bleiben im Bruchsatz unten.

Aufgabe (Lagerreichweite)

Ein (Heizöl-)Vorrat reicht bei einem täglichen Verbrauch von 40 l 15 Tage lang. Wie lange reicht der Vorrat, wenn der Verbrauch auf 35 l gesenkt werden kann?

Lösung

① Bedingungssatz	w ↓	40 l tägl.	15 Tage	↓ m
② Fragesatz		35 l tägl.	x	

③ Bruchsatz $\frac{15\ \text{Tage} \cdot 40\ \text{l}}{35\ \text{l}} = 17{,}143\ \text{Tage}$

Die 15 Tage über dem x schreibt man sofort auf den Bruchstrich im Bruchsatz. 35 l täglich sind weniger als 40 l täglich. Wenn ein Verbrauch von 40 l täglich 15 Tage reicht, reicht dann der Vorrat bei einem Verbrauch von 35 l täglich mehr oder weniger Tage? Der Vorrat reicht mehr Tage. Da bei weniger Litern täglich mehr Tage herauskommen, liegt ein ungerades Verhältnis vor. Es muss waagerecht multipliziert werden. Die oben stehenden Zahlen bleiben oben, die unten stehenden Zahlen bleiben unten.

Aufgabe (Materialverbrauch/Lagerreichweite)

Ein Bauer hat für 8 Tiere (z.B. Meerschweinchen) Futter für 3 Monate. Wie lange würde das Futter für 13 (gleiche) Tiere reichen?

Lösung

① Bedingungssatz	m ↓	8 Tiere	3 Monate	↓ w
② Fragesatz		13 Tiere	x	

③ Bruchsatz $\frac{3\text{ Mon.} \cdot 8\text{ T.}}{13\text{ T.}} = 1{,}846\text{ Monate}$

Die 3 Monate schreibt man auf den Bruchstrich. 13 Tiere sind mehr als 8 Tiere (Pfeilrichtung!). Wenn das Futter für 8 Tiere 3 Monate reicht, reicht es dann für mehr Tiere mehr oder weniger Monate? Es reicht weniger Monate. Bei einem ungeraden Verhältnis „mehr —> weniger“ wird waagerecht multipliziert. Die 8 Tiere bleiben oben auf dem Bruchstrich, die 13 Tiere unter dem Bruchstrich.

Zusammengesetzter Dreisatz

Der zusammengesetzte Dreisatz wird auch Vielsatz genannt. Er setzt sich aus zwei oder mehr einfachen geraden oder ungeraden Dreisätzen zusammen. Es sieht zwar komplizierter aus, ist es aber nicht. Die Regeln haben sich nicht geändert.

Man betrachtet die einzelnen, im Vielsatz enthaltenen Dreisätze und entscheidet für jeden, ob ein gerades oder ungerades Verhältnis vorliegt. Dann überträgt man die Zahlen streng nach Vorschrift auf den Bruchstrich im Bruchsatz.

Aufgabe (Personalbedarf für Arbeitsmenge)
7 Konditoren backen 29 Torten in 7,5 h. Wie viele Konditoren werden benötigt, wenn 49 Torten in 5 h fertig sein sollen?

Lösung

1. Dreisatz
2. Dreisatz

① Bedingungssatz	m	29 Torten	w	7,5 Std.	7 Kond.	m m
② Fragesatz		49 Torten		5 Std.	x	

③ Bruchsatz $\frac{7\text{ Kond.} \cdot 49\text{ Torten} \cdot 7{,}5\text{ Std.}}{29\text{ Torten} \cdot 5\text{ Std.}} = 17{,}741$

$= 18$ Kond.

Dieser Vielsatz enthält zwei einfache Dreisätze. Die Zahl über dem x kann man gleich wieder auf den Bruchstrich im Bruchsatz schreiben.
Im erstem Dreisatz stellt man die Torten den Konditoren gegenüber: 49 Torten sind mehr als 29 Torten. Wenn 29 Torten von 7 Konditoren gebacken werden, braucht man dann für 49 Torten mehr oder weniger Konditoren? Da man mehr Konditoren braucht, liegt ein gerades Verhältnis vor (mehr Torten ⟶ mehr Konditoren), also muss man über Kreuz multiplizieren. Die 49 Torten kommen auf den Bruchstrich, die 29 Torten unter den Bruchstrich.
Im zweiten Dreisatz stellt man die Stunden den Konditoren gegenüber. 5 h sind weniger als 7,5 h. Sieben Konditoren arbeiten 7,5 h. Braucht man dann für 5 h mehr oder weniger Konditoren? Man braucht mehr Konditoren. Diesmal liegt ein ungerades Verhältnis vor (weniger Stunden ⟶ mehr Konditoren), also muss man waagerecht multiplizieren. Die 7,5 h bleiben auf dem Bruchstrich, die 5 h bleiben unter dem Bruchstrich.

Praxistipp: Bei einer Aufgabe wie dieser sollte man klären, ob gefordert ist, zu runden. Geht es z. B. darum, die notwendige Anzahl Konditoren in die Backstube zu schicken, muss man aufrunden – es gibt keine halben Personen! Handelt es sich aber beispielsweise darum, das Zwischenergebnis für eine umfassendere Kapazitätsermittlung zu bestimmen, kann es sinnvoll sein, die Dezimalzahl weiterzuverrechnen.

Aufgabe mit Vereinfachungsmöglichkeit

3 Kräne beladen 2 Schiffe mit je 950 t in zwei Tagen. Wie viele Tage benötigen 5 Kräne für 3 Schiffe mit je 825 t?

Lösung

Hier lässt sich ein aus drei Dreisätzen zusammengesetzter Dreisatz bilden. Man muss schließen von

- 3 Kräne auf 5 Kräne (ungerade, verkürzt die Zeit),
- 2 Schiffe auf 3 Schiffe (gerade, verlängert die Zeit),
- 950 t auf 825 t (gerade, verkürzt die Zeit).

Diesen Dreisatz kann man verkürzen, indem man unmittelbar die zu ladenden Tonnen verrechnet:

Man multipliziert 2 Schiffe mit 950 t = 1.900 t und 3 Schiffe mit 825 t = 2.475 t. Die Anzahl der Schiffe ist also entbehrlich.

Dies führt auf

① Bedingungssatz

② Fragesatz

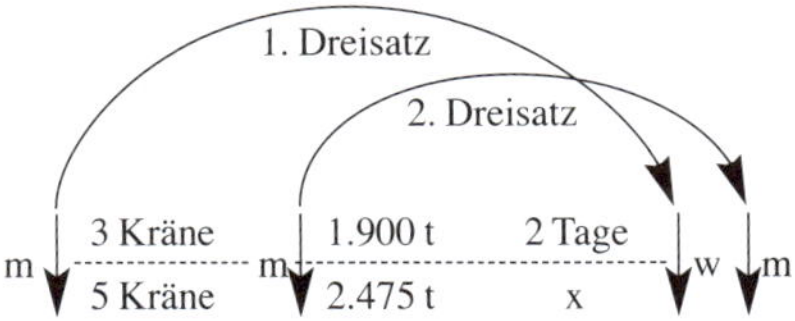

③ Bruchsatz

$$\frac{2\ \text{Tage} \cdot 3\ \text{Kräne} \cdot 2.475\ \text{t}}{5\ \text{Kräne} \cdot 1.900\ \text{t}} = 1{,}56\ \text{Tage}$$

Die 2 Tage schreibt man auf den Bruchstrich. 5 Kräne sind mehr als 3 Kräne, diese sind 2 Tage im Einsatz, also brauchen mehr Kräne weniger Tage (mehr → weniger), also waagerecht multiplizieren.

2.475 t sind mehr als 1.900 t. Für 1.900 t braucht man 2 Tage, also braucht man für mehr Tonnen mehr Tage (mehr → mehr), also über Kreuz multiplizieren.

Aufgabe (Kapazitätsveränderung)

Eine Arbeit wird mit 3 Maschinen 13 Tage lang durchgeführt. Wie lange dauert die Arbeit insgesamt, wenn ab dem 4. Tag noch eine Maschine eingesetzt wird?

Lösung

Auch hier gibt es einen „Trick" zur Vereinfachung: Man betrachtet nur den Zeitraum, in dem sich etwas ändert. Drei Tage lang passiert nichts, ab dem 4. Tag kommt eine Maschine dazu:

13 Tage – 3 Tage = 10 Tage Restzeit mit Veränderung

Ohne weitere Maschine würden die 3 Maschinen noch 10 Tage im Einsatz sein. Da eine Maschine dazu kommt, stellt sich die Frage, auf wie viele Tage sich diese 10 Tage verkürzen. Da nach der gesamten Arbeitszeit gefragt ist, muss man am Ende zum Ergebnis die vorher subtrahierten 3 Tage addieren.

13 Tage – 3 Tage = 10 Tage

① Bedingungssatz ② Fragesatz

m ↓	3 Masch.	10 Tage	↓ w
	4 Masch.	x	

③ Bruchsatz

$$\frac{10\ \text{Tage} \cdot 3\ \text{Masch.}}{4\ \text{Masch.}} = 7{,}5\ \text{Tage}$$

7,5 Tage + 3 Tage = gesamte Arbeitszeit

Die 10 Tage schreibt man auf den Bruchstrich. 4 Maschinen sind mehr als 3 Maschinen. Wenn 3 Maschinen 10 Tage brauchen, dann brauchen mehr Maschinen weniger Tage (mehr → weniger), also waagerecht multiplizieren.

Aufgabe (zum Weiterüben – Lösung im Anhang)

In einem Garten mit 800 qm sind 3 Maulwürfe beschäftigt, 26 Hügel zu bauen. Wie viele Verwandte müssen sie einladen, wenn sie 37 Hügel schaffen wollen? (Vorsicht: Welche Angaben brauchen Sie wirklich und wonach genau ist gefragt?)

2.2 Kettensatz

Selbst in Zeiten, in denen es noch kein Geld gab und Naturalien getauscht wurden, war es bereits wichtig, den Kettensatz zu beherrschen! Wie sonst hätte man etwa folgendes Problem lösen sollen?

Beispiel

Wie viele Kühe bekommt ein ägyptischer Bauer für 2 Kamele, wenn 1 Kamel gegen 8 Schafe, 1 Schaf gegen 29 Hühner und 1 Kuh gegen 50 Hühner getauscht wird?

Der Kettensatz ist eine Möglichkeit, zusammengesetzte Dreisätze mit geradem Verhältnis auf einfache Art zu berechnen. Man geht wie folgt vor:

Zuerst stellt man den Fragesatz auf, wobei die gesuchte Größe immer am Anfang steht. Die jeweils folgenden Aussagesätze beginnen immer mit der Einheit, mit der der letzte Satz abgeschlossen hat. Die Kette ist geschlossen, wenn der letzte Satz mit der gefragten Einheit endet.
Anschließend bildet man einen Bruch zur Berechnung des Ergebnisses. Alle Zahlen, die in den Aussagesätzen links stehen, schreibt man als Produkt in den Nenner. Entsprechend kommen alle rechten Zahlen als Produkt in den Zähler. Die aufgestellten Sätze werden bildlich gesprochen gegen den Uhrzeigersinn, also nach links, gekippt.

Wendet nun der ägyptische Bauer die Regeln des Kettensatzes an, sieht das so aus:

x Kühe	entsprechen	2 Kamelen	(Fragesatz)
1 Kamel	entspricht	8 Schafen	(Aussagesatz)
1 Schaf	entspricht	29 Hühnern	(Aussagesatz)
50 Hühner	entsprechen	1 Kuh	(Aussagesatz)

$$x = \frac{2\text{ Kamele} \cdot 8\text{ Schafe} \cdot 29\text{ Hühner} \cdot 1\text{ Kuh}}{1\text{ Kamel} \cdot 1\text{ Schaf} \cdot 50\text{ Hühner}}$$

Aus den Benennungen kann man erkennen, dass als Ergebnis Kühe herauskommen müssen. Nun, wie viele Kühe bekommt der Bauer für seine zwei Kamele? Nimmt man es genau, müsste er 9,28 Kühe nach Hause führen. (Solche Probleme wurden in der Naturwirtschaft mit Sicherheit sehr praktisch gelöst: Vielleicht nimmt er 9 Kühe und noch ein paar Hühner mit.)

Heutige typische Anwendungen des Kettensatzes sind zum Beispiel vergleichende Preisberechnungen, bei denen parallel Mengen oder Maße und Währungen umzurechnen sind.

Aufgabe

Ein deutscher Händler hat 38 Okulare aus Amerika für insgesamt 950 US-Dollar bestellt. Es sind nachträglich noch 4 Kunden hinzugekommen. Wie hoch fällt die Rechnung für die aufgestockte Bestellung in Euro aus? (Rechnen Sie 1 US-Dollar mit 1,0201 €.)

Lösung

Es ist von 38 auf 42 Okulare und von Dollar auf Euro umzurechnen. Beide Dreisätze entsprechen einem geraden Verhältnis (Voraussetzung für den Kettensatz!). Die Sätze lauten:

x Euro	entsprechen	42 Okularen
38 Okulare	entsprechen	950 US-\$
1 US-\$	entspricht	1,0201 €

$$\frac{42 \text{ Okulare} \cdot 950 \text{ US-\$} \cdot 1{,}0201\text{ €}}{38 \text{ Okulare} \cdot 1 \text{ US-\$}} = 1.071{,}11\text{€}$$

Aufgabe (zum Weiterüben – Lösung im Anhang)

Im schottischen Norden verlangt ein Taxifahrer für die 18 Meilen weite Fahrt vom Bahnhof zum Schlosshotel 95 Pfund. Die Grundgebühr beträgt 5 Pfund. Wie viel Euro kostet 1 km? Würden Sie einsteigen?

2.3 Verteilungsrechnen

Ziel von Verteilungsrechnungen ist, Mengen oder Beträge über Verteilungsschlüssel auf Personen/Positionen zu verteilen.

Beispiele

- Gewinn einer Handelsgesellschaft, aufgeteilt z.B. nach der Höhe der Einlagen oder auch der geleisteten Arbeitsstunden
- Heizkosten, z.B. nach Fläche der Zimmer
- Frachtkosten, z.B. nach Gewicht der einzelnen Sendungen
- Gummibärchen auf dem Kindergeburtstag, z.B. nach Größe der Kinder

Es ist auch möglich, dass eine Vor- oder Nachleistung berücksichtigt wird. Gegebenenfalls erhält ein Gesellschafter für seine Arbeitsleistung vom Gewinn vorab einen bestimmten Betrag und erst der verbleibende Rest wird auf alle Gesellschafter nach Vereinbarung im Gesellschaftsvertrag verteilt.

Die grundsätzlichen Schritte

1. Ermittlung der Teile pro Person bzw. Position und Bildung der Summe aller Teile (eventuell Kürzen des betreffenden Bruchs).
2. Division der zu verteilenden Summe durch die Summe aller Teile, das ergibt den Wert eines Teils.
3. Multiplikation der jeweiligen Teile pro Person bzw. Position mit dem Wert eines Teils.

Gegenprobe: Die Summe aller Teilbeträge muss wieder die Ausgangssumme ergeben.

Es kann auch eine algebraische Lösung gewählt und x als Platzhalter verwendet werden.

Aufgabe

Drei Personen sind wie folgt an einem Unternehmen beteiligt: Albert mit 100.000,– €, Berthold mit 120.000,– € und Fritz mit 200.000,– €. Der Gewinn in Höhe von 14.700,– € soll im Verhältnis der Beteiligungen verteilt werden.

1. Lösungsmöglichkeit (ungekürzt)

❶ 100.000 + 120.000 + 200.000 = 420.000 (Teile gesamt)
❷ 14.700,- € : 420.000 = 0,035 € (Gewinn pro Teil)
❸ 0,035 € · 100.000 = 3.500,– € (für Albert)
0,035 € · 120.000 = 4.200,– € (für Berthold)
0,035 € · 200.000 = 7.000,– € (für Fitz)
Gegenprobe/Summe 14.700,– €

2. Lösungsmöglichkeit (Anteile so weit wie möglich gekürzt)

100.000 = 100 Teile = 10 Teile = 5 Teile
120.000 = 120 Teile = 12 Teile = 6 Teile
200.000 = 200 Teile = 20 Teile = 10 Teile
❶ insgesamt ergeben sich 21 Teile

❷ 14.700,– € : 21 Teile = 700 € pro Teil
❸ 5 Teile · 700 € = 3.500 €
6 Teile · 700 € = 4.200 €
10 Teile · 700 € = 7.000 €

Aufgabe

Albert und Bettina haben 124.000,– € Gewinn erwirtschaftet. Von diesem Gewinn soll Bettina 12.000,– € mehr als Albert erhalten. Wie hoch sind jeweils die Gewinnanteile?

Kaufmännische Lösung

Albert erhält 1 Teil vom Gewinn und Bettina erhält 1 Teil + 12.000 € vom Gewinn. Der Gesamtgewinn von 124.000 € entspricht also 2 Teilen + 12.000 € . Damit entsprechen die 2 Teile 112.000 € (124.000 € minus 12.000 €). Daraus folgt, dass 1 Teil 56.000 € Gewinn beträgt. Albert erhält 56.000 Euro und Bettina 68.000 € (= 56.000 + 12.000).

Algebraische Lösung

$2x + 12.000 = 124.000$ $2x = 112.000$ $x = 56.000$
Albert: $x = 56.000$ Bettina: $x + 12.000 = 68.000$

Durchschnitt und Statistik

Begriff des Durchnitts im Alltag

Im Alltag wird der Begriff Durchschnitt bekanntlich herangezogen, um eine Gesamtheit zahlenmäßig zu bewerten oder um zu charakterisieren, wie sich ein Zustand (z. B. das Durchschnittsalter der Bevölkerung, das Durchschnittsgewicht von Männern und Frauen zwischen 40 und 50 Jahren) oder eine Enwicklung (z.B. werden Kinder heute im Durchschnitt größer als vor 20 Jahren) „im Großen und Ganzen" verhält. Ziel ist vielfach der Vergleich mit der Norm, also wie etwas „im Großen und Ganzen" sein müsste. So vergleicht man z.B. Durchschnittslöhne und Durchschnittspreise in verschiedenen Städten (um etwas über Lebensbedingungen aussagen zu können).

Begriff des Durchschnitts in Statistik und Wirtschaft

Mathematisch-statistisch ist der Durchschnitt eine Kennzahl, die den mittleren Wert einer zahlenmäßig erfassbaren Eigenschaft einer Stichprobe angibt. Deshalb spricht man auch vom Mittelwert.

In der Wirtschaft interessieren naturgemäß die Mittelwerte volkswirtschaftlicher Größen (z. B. mittleres Bruttoinlandsprodukt der letzten 10 Jahre) oder betriebswirtschaftlicher Größen (z. B. durchschnittlicher Umsatz, durchschnittlicher Lagerbestand). Die Verdichtung der Information auf eine einzige Zahl erfolgt u.a. aus folgenden Gründen:

- Man kann Entwicklungen einschätzen, ohne jeden Einzelfall berücksichtigen zu müssen.
- Man gründet Planungen im Normalfall auf den Durchschnittswerten der Vergangenheit.

Grundlegendes zur Datenerhebung

Berechnet man Durchschnittswerte und verwendet sie als Basis für Planungen, müssen einzelne Ausreißer nach oben oder unten herausgerechnet werden. (In der Schifffahrt darf zum Beispiel bei der Ermittlung der durchschnittlichen Wassertiefe von Flüssen nicht ausgerechnet das Hochwasser mit einbezogen werden.)
Statistiken beruhen oft auf repräsentativen Stichproben. Stichprobe bedeutet, dass nicht alle Elemente der Grundgesamtheit erfasst werden. Um den durchschnittlichen Brotpreis pro Kilo herauszufinden, müssen nicht alle Bäckereien in Deutschland befragt werden. Wichtig ist nur, dass die erhobenen Daten repräsentativ sind.
Wahlprognosen werden zum Beispiel aufgrund von Umfragen bei circa 2000 Bundesbürgern getroffen, die repräsentativ ausgewählt wurden und das führt, wie man von vielen Wahlabenden weiß, zu recht genauen Ergebnissen.

Die verschiedenen Mittelwerte

Der „übliche" Durchschnitt ist das arithmetische Mittel. Kurz gesagt wird es berechnet als „Gesamtsumme durch Anzahl" (Genaueres folgt in Abschnitt 2.4). Um eine Stichprobe „typisch" zu charakterisieren, verwendet man in der Statistik weitere Mittelwerte wie beispielsweise:

- Modus = Spitzenwert; er bietet sich an, wenn er sehr deutlich herausragt und das arithmetische Mittel das Bild stark verzerren würde.
- Median = mittelster Wert; er bietet sich an, wenn die Skala nicht metrisch ist und deshalb keine Summe gebildet werden kann (es gibt z. B. keine „Durchschnittsfarbe", aber die am häufigsten gewählte Autofarbe).
- Geometrisches Mittel = Wurzel aus dem Produkt; ein Spezialwert, der herangezogen wird, wenn Entwicklungen nicht gleichförmig erfolgen.

2.4 Berechnung von Durchschnitten

Arithmetisches Mittel (einfacher Durchschnitt)

Der einfache Durchschnitt wird errechnet, indem die Summe der Einzelwerte durch die Anzahl der Einzelwerte geteilt wird. Als Zeichen für den Durchschnitt verwendet man das $\bar{x}$ mit einem Überstrich oder einen schräg durchgestrichenen Kreis.

$$\varnothing = \bar{x} = \frac{\text{Summe der Daten}}{\text{Anzahl der Daten}} \quad \text{bzw.} \quad \frac{\text{Summe Einzelwerte}}{\text{Anzahl Elemente}}$$

Aufgabe (Durchschnittspreisberechnung)

Beim Einkaufen wird ein Artikel in drei Varianten, nämlich zu 5,20 € je kg, zu 6,80 € je Kilo und zu 8,90 € je kg angeboten. Wie hoch ist der Durchschnittspreis für ein Kilo?

Lösung

1 kg zu	5,20 €
1 kg zu	6,80 €
1 kg zu	8,90 €
3 kg zu insgesamt	20,90 €
20,90 € : 3 kg	= 6,97 € pro kg

Aufgabe (Rückrechnung aus dem Durchschnitt)

Max ist der Jüngste in der Familie. Wie alt ist er, wenn das Durchschnittsalter der Familie 23 Jahre beträgt und die anderen Familienmitglieder 12 Jahre, 35 und 37 Jahre alt sind?

Lösung

Max	=	x Jahre
2. Familienmitglied	=	12 Jahre
3. Familienmitglied	=	35 Jahre
4. Familienmitglied	=	37 Jahre
4 mal 23 Jahre	=	92 Jahre
x = 92 – 12 – 35 – 37	=	8 Jahre

Und nun noch die Lösung für Fans des algebraischen Wegs:

$23 = \frac{12 + 35 + 37 + x}{4}$ $\quad 23 = \frac{84 + x}{4}$ $\quad 23 = \frac{84}{4} + \frac{x}{4}$ $\quad 23 = 21 + 0{,}25\,x$

$23 - 21 = 0{,}25\,x$ $\quad 2 = 0{,}25\,x$ $\quad x = \frac{2}{0{,}25}$ $\quad x = 8$ Jahre

Gewogener Durchschnitt

Der gewogene Durchschnitt ist anzuwenden, wenn die Einzelwerte nicht nur einmal, sondern in unterschiedlicher Anzahl oder Menge vorkommen.

Die Einzelwerte werden dann mit ihrer Anzahl oder ihrer Menge gewichtet.

Man spricht auch vom gewogenen arithmetischen Mittel.

$$\bar{x} = \frac{x_1 \cdot a_1 + x_2 \cdot a_2 + \ldots + x_n \cdot a_n}{x_1 + x_2 + \ldots + x_n}$$

a_i = Wert
x_i = Anzahl

Aufgabe

Beim Einkauf wurden erworben: 5 kg zu 5,20 € pro kg, 8 kg zu 6,80 € pro kg und 3 kg zu 8,90 € pro kg. Wie hoch ist der durchschnittliche Preis für ein Kilo?

Lösung

5 kg zu je 5,20 €	=	26,00 €
8 kg zu je 6,80 €	=	54,40 €
3 kg zu je 8,90 €	=	26,70 €
16 Kilo	=	107,10 €
107,10 € : 16 kg	=	6,69 € pro kg

Im Vergleich zur Aufgabe im vorangegangenen Abschnitt liegt der durchschnittliche Kilopreis niedriger – der Grund liegt darin, dass die preiswerteren Sorten bevorzugt gekauft wurden und deshalb mehr ins Gewicht fallen.

Es gibt Situationen, in denen der gewogene Durchschnitt mit mehreren Bedingungen berechnet werden muss.

Aufgabe

Ein Landwirt, der Urlaub auf dem Bauernhof anbietet, vermietet seinen Logisgästen Ponys, Pferde und Kamele für einen bestimmten Betrag pro Tag. Da nicht das volle Jahr über Gäste kommen, sind die Tiere nicht jeden Tag im Einsatz (sie haben also auch Urlaubstage ...). Für das letzte Jahr sammelte der Bauer folgende Daten, mit denen er die durchschnittlichen Mieteinnahmen pro Jahr pro Tier ausrechnen möchte:

Tier	Anzahl	Mietpreis pro Tag	Auslastung pro Jahr
Pony	5	3 €	280 Tage
Pferd	8	9 €	260 Tage
Kamel	3	15 €	230 Tage

Lösung

Die erste Gewichtung ergibt sich aus der Multiplikation der Anzahl der Tiere mit dem Mietpreis pro Tag. Als zweite Gewichtung muss noch mit der Auslastung pro Jahr multipliziert werden:

Pony	$5 \cdot 3\,€ \cdot 280 = 4.200\,€$		
Pferd	$8 \cdot 9\,€ \cdot 260 = 18.720\,€$	Gewichtung	
Kamel	$3 \cdot 15\,€ \cdot 230 = 10.350\,€$		

Bitte beachten: Die Auslastung pro Jahr dürfte ihrerseits bereits ein Mittelwert sein. In der sog. „Urliste" des Bauern waren vermutlich zunächst die insgesamt 16 Tiere einzeln notiert, was dann in der Tabelle schon zusammengefasst wurde.

Damit ergibt sich folgender gewichteter Mittelwert:

$$\bar{x} = \frac{4.200\,€ + 18.720\,€ + 10.350\,€}{5+8+3} = \frac{33.270\,€}{16}$$

$$= 2.079{,}38\,€$$

2.5 Mischungsrechnen

Mischungsrechnen wird benötigt, um den Preis eines aus Komponenten bestehenden Produkts zu ermitteln, die unterschiedliche Preise haben. Diese Anforderung kann sich bei der Kalkulation im Produktionsunternehmen stellen, bevorzugt aber im Handel, wo unmittelbar Mischungen verkauft oder zum Beispiel Sonderposten zusammengestellt werden. Möchte man die Mischung zu einem bestimmten Preis verkaufen, so kann man durch die Mischungsrechnung ermitteln, in welchem Verhältnis die Sorten zu mischen sind. Generell gilt:

> Die Preisdifferenzen der Sorten, die einen höheren oder niedrigeren Preis als den Mischungspreis haben, müssen sich ausgleichen.

Anders gesagt:

> Mischungsverlust = Mischungsgewinn

Das Mischen von zwei Sorten

Als einfaches Verfahren zur Berechnung eines Mischungsverhältnisses dient das sog. Mischungskreuz. Dies wird anhand der folgenden Aufgabe entwickelt.

Aufgabe

In einem Laden, der Halbedelsteine verkauft, sind Tigeraugen zum Kilopreis von 16 € und Achate zum Kilopreis von 22 € erhältlich. Man darf auch mischen – die Mischung kostet 18 € pro Kilo. Welches ist das korrekte Mischungsverhältnis, bei dem weder Käufer noch Ladenbesitzer übervorteilt werden?

Lösung

Man schreibt die zu mischenden Sorten in der Reihenfolge der Preise untereinander. Dabei spielt es keine Rolle, ob man die Preise aufsteigend oder absteigend hinschreibt. Den Mischungspreis setzt man in die Mitte:

Sorte 1	Tigeraugen	→	16 €
	Mischung	⟶	18 €
Sorte 2	Achate	→	22 €

Im nächsten Schritt berechnet man den Gewinn und Verlust je Einheit der Sorten in Bezug auf den Preis der Mischung.

				G/V
Sorte 1	Tigeraugen	→	16 €	+ 2
	Mischung	⟶	18 €	
Sorte 2	Achate	→	22 €	– 4

Nun werden die Differenzen der Preise – also Gewinn und Verlust – in Anteile umgewandelt und möglichst weit gekürzt.

				G/V	Anteil
Sorte 1	Tigeraugen	→	16 €	+ 2	1
	Mischung	⟶	18 €		
Sorte 2	Achate	→	22 €	– 4	2

Die Grundforderung lautet, dass der Verlust der einen Sorte durch den Gewinn der anderen Sorte ausgeglichen werden muss – also muss von der Gewinn bringenden Sorte das entsprechende Vielfache des Verlustes genommen werden. In diesem Beispiel muss von den Tigeraugen doppelt so viel in der Mischung enthalten sein wie von den Achaten. Durch die Anwendung des Mischungskreuzes kann man sich dies sehr leicht deutlich machen.

				G/V	Anteil	Kreuz
Sorte 1	Tigeraugen	→	16 €	+ 2	1	2
	Mischung	⟶	18 €			
Sorte 2	Achate	→	22 €	– 4	2	1

Das Mischungskreuz sagt aus, dass die zu mischenden Sorten im umgekehrten Verhältnis ihrer Preisdifferenzen zur Mischungssorte zu mischen sind.
Korrekt ist also die Mischung Tigeraugen zu Achaten im Verhältnis 2 : 1, zum Beispiel 200 g Tigeraugen und 100 g Achate.

Aufgabe

Ein besonders günstiges Sonderangebot setzt sich aus 4 kg blauen Steinen zu 1,40 € je kg und aus 6 kg getupfelten Steinen (Spezialsorte) zusammen. Wie viel darf die Spezialsorte kosten, wenn ein Mischungspreis von 1,25 € je kg herauskommen soll? (Im Rahmen einer Handelskalkulation, siehe Abschnitt 6.1, kann sich diese Frage beim Einkauf stellen und beispielsweise die einzukaufende Menge beeinflussen.)

Lösung

Zuerst berechnet man die Preisdifferenz der Sorte, von der die Menge und der Preis bekannt sind:
blaue Steine: 4 Kilo zu 1,40 Euro je kg
= 0,15 € Verlust pro kg
= 0,60 € Gesamtverlust (4 kg mal 0,15 € pro kg)

Der Verlust von 0,60 € muss nun durch einen Gewinn in der gleichen Höhe durch die Sorte mit den getupfelten Steinen ausgeglichen werden:
getupfelte Steine: 0,60 € Gesamtgewinn : 6 kg
= 0,10 € Gewinn je kg

Der Preis pro kg der getupfelten Steine muss also 1,15 € betragen (Mischungspreis 1,25 € minus Gewinn 0,10 €).

Die Überprüfung der Rechnung erfolgt schnell und einfach:

blaue Sorte	4 kg zu je 1,40 €	=	5,60 €
getupfelte Sorte	6 kg zu je 1,15 €	=	6,90 €
	10 kg	=	12,50 €
	1 kg Mischung	=	1,25 €

Das Mischen von drei und mehr Sorten

Das gleiche Verfahren lässt sich – schrittig – auch auf Mischungen mit drei (oder mehr) Sorten anwenden. Auch hier gilt natürlich die Regel Mischungsgewinn = Mischungsverlust. Die folgende Aufgabe entwickelt das Vorgehen.

Aufgabe

Die Mischung wird für 8,40 € je kg angeboten. Die blaue Sorte kostet 7,60 € je kg, die rote Sorte 8,60 € je kg und die grüne Sorte 10,20 € je kg. Wie lautet das Mischungsverhältnis?

Lösung

Man schreibt wieder die Sorten in der Reihenfolge der Preise untereinander. Den Mischungspreis setzt man zwischen die Gewinn- und Verlustsorten (alle Preise in €):

blau	7,60
Mischung	8,40
rot	8,60
grün	10,20

Man berechnet die Preisdifferenzen zum Mischungspreis, wandelt sie in Anteile um und kürzt so weit wie möglich:

		G/v	Ant.
blau	7,60	+0,80	4
Mischung	8,40		
rot	8,60	−0,20	1
grün	10,20	−1,80	9

Die Gewinnsorte wird nacheinander mit den Verlustsorten gemischt. Hierzu kann man wieder das Mischungskreuz zu Hilfe nehmen:

		G/v	Ant.	Mischungskreuz blau/rot	Mischungskreuz blau/grün	
blau	7,60	+0,80	4	1	4	9
Mischung	8,40					
rot	8,60	−0,20	1	4		
grün	10,20	−1,80	9		9	4

In der ersten Zeile ergeben sich insgesamt 10 Teile (1 + 9), in der zweiten Zeile stehen 4 Teile und in der dritten Zeile wieder 4 Teile. Die Sorten Blau, Rot und Grün sind also im Verhältnis 10 : 4 : 4 beziehungsweise 5 : 2 : 2 (gekürzt) zu mischen.

3 Prozentrechnen

Grundlagen der Prozentrechnung – Promille – Mehrwertsteuer

Bei der Prozentrechnung werden absolute Werte vergleichbar gemacht, indem sie über die Vergleichszahl 100 zueinander ins Verhältnis gesetzt werden. Anders gesagt:

> Die Prozentrechnung ist eine Verhältnisrechnung, bei der als Bezugsgröße die Zahl 100 verwendet wird.

Beispiel

Der Preis eines Produkts der Marke A wurde von 10 € auf 6 € gesenkt, der des konkurrierenden Produkts der Marke B von 20 € auf 15 € gesenkt. Welche Reduzierung ist größer?

Die absolute Preissenkung bei Marke B ist mit 5 € größer als die der 4 € bei Marke A. Aber welche relative Preissenkung (im Vergleich zum Ausgangspreis) ist größer? Vergleicht man wie hier nur zwei Werte, gibt es mehrere sinnvolle Möglichkeiten, dies festzustellen.

- Beispielsweise lässt sich ein Dreisatz bilden (vgl. Abschnitt 2.1) und auf diesem Weg errechnen, dass ein doppelt so teures Produkt (natürlich) auch die doppelte Preissenkung haben müsste, also 8 €. Sofort ist klar, dass bei Marke B relativ geringer gesenkt wurde.
- Oder man bildet das Verhältnis der neuen Preise, nämlich 6 : 15. Man sieht, dass der Preis von Marke B nicht mehr wie zuvor das 2fache, sondern nun sogar das 2,5fache beträgt und dieses Produkt also relativ teurer geworden ist als vor der Preiserhöhung.

Bei mehr als zwei zu vergleichenden Werten ist ein absoluter Maßstab sinnvoll und dafür verwendet man die Zahl 100:

- 4 € Preissenkung beim Preis von 10 € entsprechen 40 € Preissenkung beim Preis von 100 €, aber 5 € Preissenkung beim Preis von 20 € entsprechen nur 25 € Preissenkung beim Preis von 100 €. Bei Marke A wurde um 40 %, aber Marke B nur um 25 % gesenkt.

Setzt man als Vergleichszahl 1.000, spricht man von Promillerechnung. Im obigen Beispiel hätte man bei Marke A errechnet, dass sich beim Preis 1.000 € dann 400 € Preissenkung ergeben, entsprechend 400 Promille. Prozent bedeutet „vom 100“ und Promille bedeutet „vom 1.000“.

Grundgrößen der Prozent- und Promillerechnung

- Grundwert – die Zahl (oder Größe), von der aus man einen Prozentanteil berechnet.
- Prozentsatz – er gibt an, wie hoch der Anteil am Grundwert ist, der berechnet werden soll und er setzt sich aus der Zahl des Prozentsatzes und dem Prozentzeichen (%) zusammen.
  Bei der Promillerechnung spricht man vom Promillesatz und versieht ihn mit dem Zeichen ‰.
- Prozentwert ist der Teil des Grundwertes, dessen Höhe durch den Prozentsatz festgelegt wird.
  Analog ist der Promillewert der Teil, der durch den Promillesatz festgelegt wird.

20 %	von	80	=	16
Prozentsatz		Grundwert		Prozentwert
$\frac{20}{100}$		entspricht 100 %		$\frac{20 \cdot 80}{100}$

(Zahl der Hundertstel)

Die Promillerechnung findet vor allem bei Werten Anwendung, die kleiner als 1 % sind. Man denke an die Berechnung von Versicherungsprämien oder die Feststellung des Alkoholwertes im Blut.

Grundsätzliche Hinweise zu diesem Kapitel

a) *Im Folgenden wird immer Prozent und Promille parallel betrachtet. Die Berechnung erfolgt völlig analog, man tauscht lediglich 100 gegen 1.000 (und erhält dann natürlich entsprechend um eine Stelle versetzte Ergebnisse).*

b) *Aus Gründen der Vereinfachung wird bei Geldbeträgen die Währungsangabe Euro weggelassen.*

3.1 Prozentwert/Promillewert

Vom Grundsatz her berechnet man den Prozentwert über einen Dreisatz, aber in der Praxis ist es üblich, den sich dabei ergebenden Bruchstrich unmittelbar als Formel heranzuziehen:

Grundformel der Prozent-/Promillerechnung

$$\text{Prozentwert} = \frac{\text{Grundwert} \cdot \text{Prozentsatz}}{100}$$

$$\text{Promillewert} = \frac{\text{Grundwert} \cdot \text{Promillesatz}}{1000}$$

Da der Grundwert : 100 = 1 % vom Grundwert ist, kann man diese Formel auch so notieren:

$$\text{Prozentwert} = \frac{\text{Grundwert}}{100} \cdot \text{Prozentsatz}$$

Berechnung mit Taschenrechner oder PC

Die Prozenttaste des Taschenrechners und die Prozentfunktion der Tabellenkalkulation fasst demgegenüber Prozentsatz : 100 zusammen, sodass hier die Formel

$$\text{Prozentsatz} = \text{Grundwert} \cdot \frac{\text{Prozentsatz}}{100}$$

zur Anwendung kommt. Das bedeutet, dass man die Division durch 100 einspart und einfach diese Tastenfolge eingibt: Grundwert Mal-Taste Prozentsatz Prozenttaste.

Bei der Tabellenkalkulation formatiert man Zellen als Prozent, gibt den Prozentsatz ein und durch Multiplikation wird automatisch die Prozentwertberechnung ausgeführt.

Bezugsbasis beachten!

Bei der Ermittlung des Prozent- bzw. Promillewertes kommt es häufig vor, dass nicht der Grundwert, sondern der um den Prozentwert vermehrte oder verminderte Betrag gegeben oder gesucht ist. In den folgenden drei Abschnitten werden diese Arten des vermehrten oder verminderten Grundwerts behandelt.

Prozentwert/Promillewert vom Grundwert

Für diesen Fall gilt die auf S. 57 angegebene Grundformel, aber man kann natürlich auch mit Kettensatz oder Dreisatz rechnen.

Aufgabe

Der Chefbuchhalter muss am Geschäftsjahresende alle Beträge für die Abschreibung ausrechnen. Ein neuer Lkw mit einem Anschaffungswert von 80.000,– wird mit 10% abgeschrieben. Eine Hobelmaschine mit einem Buchwert von 120.000,– wird jährlich mit 20% vom Buchwert abgeschrieben. Welche Abschreibungsbeträge sind zu buchen?

Lösung

$$\text{Prozentwert} = \frac{80.000 \cdot 10}{100} = 8.000$$

und analog für die zweite Teilaufgabe.

Ergebnis

10 % von	80.000,–	=	8.000,–
20 % von	120.000,–	=	24.000,–

Beim Taschenrechner gibt man, wie umseitig erläutert, ein: 80.000 mal 10 Prozenttaste bzw. 120.000 mal 20 Prozenttaste.

Exemplarisch gezeigt

Kettensatz	**und**	**Dreisatz**
x Euro entspr. 10 %		100 % entspricht 80.000
100 % entspr. 80.000		1 % entspricht $\frac{80.000}{100}$
daraus unmittelbar:		10 % entspricht $\frac{80.000}{100} \cdot 10$
$\frac{10 \cdot 80.000}{100}$		

Aufgabe

Wie hoch ist die Versicherungsprämie für ein Bürogebäude im Wert von 1.200.000,– bei 0,8 ‰ Beitragssatz?

Lösung

$$\text{Promillewert} = \frac{1.200.000 \cdot 0{,}8}{1.000} = 960$$

Die Prämie beträgt 960,– €.

Aufgaben (zum Weiterüben – Lösung im Anhang)

1. Ein Bildhauer hat einen Steinblock mit 65 kg vor sich stehen. Er schätzt, dass er 42% mit Hammer und Meißel entfernen muss, bis die Statue eines Gartenbären fertig ist. Wie viel wiegt der Gartenbär nach Fertigstellung?
2. Ein Mitarbeiter bezieht ein Monatsgehalt von 3.980,–. Seine Gehaltserhöhung beträgt in diesem Jahr 3,5 %. Wie hoch ist sein neues Gehalt?

Tipp: Beachten Sie, wonach in diesen beiden Aufgaben gefragt ist (nämlich nicht nach dem Grund- oder dem Prozentwert!).

Prozent-/Promillewert vom vermehrten Grundwert

Wird auf den Grundwert der Prozentwert aufgeschlagen, ergibt sich der vermehrte Grundwert, zum Beispiel:

Grundwert +	Prozentwert =	vermehrter Grundwert
100 %	3,5 %	103,5 %

Aufgabe

Eine Mitarbeiterin verdient nach einer Gehaltserhöhung um 3,5 % nun 4300,–. Wie hoch waren die Gehaltserhöhung und das ursprüngliche Gehalt?

Lösung

Am einfachsten erscheint die Lösung mit dem Kettensatz:

x € entsprechen 3,5 %
103,5 % entsprechen 4.300 €

Man erhält

$$x = \frac{3{,}5 \cdot 4.300}{103{,}5} = 145{,}41 \text{ (Prozentwert/Gehaltserhöhung)}$$

Das ursprüngliche Gehalt ergibt sich zu
4.300,– € – 145,41€ = 4.154,59 €

Praxistipp: Machen Sie die Gegenrechnung/Gegenprobe!
4.154,59 + 3,5 % (145,41) = 4.300,–

Die Lösung mit dem Dreisatz ist auch möglich. Das Vorgehen wird bei der folgenden Aufgabe gezeigt, die analog zu lösen ist.

Aufgabe

Eine Bank löst einen Scheck ein und verlangt dafür 1,2 ‰ Provision. Sie belastet das Konto mit 951,14. Über welchen Betrag lautet der Scheck und wie hoch ist die Provision in €?

Lösung

Es gibt zwei Rechenwege. Gegeben sind erhöhter Grundwert und „Promillesatz“ und man kann mit Dreisatz berechnen

- wie viel Euro der Erhöhung (1,2 ‰) entsprechen oder
- wie viel Euro dem Grundwert (1.000 ‰) entsprechen

und jeweils die noch fehlende Größe als Differenz berechnen. Hier exemplarisch die zweite Möglichkeit:

$$\frac{1.000 \cdot 951{,}14\ €}{1.001{,}2} = 950\ €$$

951,14 abzüglich 950,– Scheckbetrag = 1,14 Provision

Prozent-/Promillewert vom verminderten Grundwert

Wird vom Grundwert der Prozentwert abgezogen, ergibt sich der verminderte Grundwert, zum Beispiel:

Grundwert –	Prozentwert =	verminderter Grundwert
100 %	12 %	88%

Aufgabe

Der Preis einer Stehlampe wurde um 12 % auf 246,40 gesenkt. Wie hoch war der Preis ursprünglich und wie viel beträgt die Preissenkung in Euro?

Lösung

Als Lösungswege sind wieder Dreisatz und Kettensatz möglich und die Rechnung verläuft analog wie beim vermehrten Grundwert, es wird nur mit veränderten Angaben gerechnet. Mit dem Kettensatz ergibt sich

x € entsprechen 100 %
88 % entsprechen 246,40

$$x = \frac{100 \cdot 246{,}40}{88} = 280\ €$$

Der ursprüngliche Preis betrug 280,– €. Die Preissenkung beläuft sich auf 280,– € – 246,40 = 33,60 €.

Aufgabe (zum Weiterüben – Lösung im Anhang)

Durch Trainingsmaßnahmen sank die Zahl der Fahrradunfälle auf allen Flugzeugträgern der Welt im abgelaufenen Kalenderjahr um 10 ‰ auf 792 Zusammenstöße. Wie viele Unfälle waren es ein Jahr zuvor und wie viele haben sich im letzten Jahr weniger ereignet?

Tipp: Sie können übungshalber eine Promillerechnung durchführen oder sich überlegen, wie viel Prozent 10 ‰ sind. Das gilt generell – man sucht immer nach der einfachsten Angabe.

Prozente mit Formeln und Tabellenkalkulation

Alle Aufgaben der Prozentrechnung lassen sich mithilfe eines Dreisatzes lösen. Die Grundgrößen der Prozentrechnung sind

- Grundwert
- Prozentsatz
- Prozentwert

Sind davon zwei bekannt, kann die fehlende dritte mit dem Dreisatz errechnet werden – dies funktioniert, weil bei der Prozentrechnung immer die Bezugszahl 100 als vierte Größe im Spiel ist. Sind also zwei Grundgrößen bekannt, kennt man eigentlich drei und kann die fehlende vierte bestimmen.

Aber Vorsicht:
Beim vermehrten Grundwert ist die als „stille" Bezugszahl verwendete Größe nicht die 100, sondern 100 + Prozentsatz! Und beim verminderten Grundwert muss man 100 – Prozentsatz einsetzen.

In der Praxis macht sich aber kaum mehr jemand die Mühe, Prozentrechnungen wirklich „zu Fuß" mit dem Dreisatz auszurechnen. Man greift vielmehr unmittelbar auf abgeleitete Prozentformeln zurück:

Prozentformeln

$$\text{Prozentwert} = \frac{\text{Grundwert} \cdot \text{Prozentsatz}}{100}$$

$$\text{Prozentsatz} = \frac{\text{Prozentwert} \cdot 100}{\text{Grundwert}}$$

$$\text{Grundwert} = \frac{\text{Prozentwert} \cdot 100}{\text{Prozentsatz}}$$

Sehr komfortabel – Prozentrechnung mit dem Tabellenkalkulationsprogramm

Man kann Felder als „Prozent“ formatieren und dann mit Multiplikation oder Division Grundrechenarten verknüpfen.

Grundlegendes Vorgehen

Wählen Sie als Format für Spalten A und C „Zahl“ und für Spalte B „Prozent“ und geben Sie diese Zahlen und Formeln in Zeile 1 und 2 ein:

	A	B	C
1	90	20	= a1*b1
2	90	20	= a1/b1

In Zeile 1 fasst das Programm A als den Grundwert und B als den Prozentsatz auf und liefert in C den Prozentwert 18.
In Zeile 2 fasst das Programm A als den Prozentwert und B als den Prozentsatz auf und liefert in C den Grundwert 180.

Praktisches Beispiel

Wir wählen aus dem Beispiel der Differenzkalkulation von S. 115 dieses Buches den Ausschnitt von Bezugspreis bis Zielverkaufspreis, mit dem Gewinn als Differenz bestimmt wird. Das Schema sieht (exemplarisch in Microsoft Excel) so aus:

	A (Spalte als Text)	B (leeres Schema)	B (ausgefüllt)
1	Bezugspreis	*(Eingabe Zahl)*	17,10
2	+ Gemeinkosten	*(Eingabe Prozent)*	15
3	Selbstkosten	= B1+B1*B2 *(Formel)*	19,67
4	Gewinn	= B5-B3	5,56
5	Barverkaufspreis	= B7-B7*B6 *(Formel)*	25,22
6	+ Verkaufsskonto	*(Eingabe Prozent)*	3
7	Zielverkaufspreis	*(Eingabe Zahl)*	26,00

Die schwarzen Zahlen gibt man ein (ohne Prozentzeichen, dies ergänzt das Programm), die blauen Werte werden errechnet.

3.2 Prozentsatz/Promillesatz

Wie auf der Magazinseite 62 ausgeführt, erfolgt die praktische Berechnung mithilfe folgender Formeln

$$\text{Prozentsatz} = \frac{\text{Prozentwert} \cdot 100}{\text{Grundwert}}$$

$$\text{Promillesatz} = \frac{\text{Promillewert} \cdot 1.000}{\text{Grundwert}}$$

Aufgabe

Die Prämie für die Hausratversicherung eines Wohnhauses im Wert von 420.000,– € beläuft sich auf 84,– € pro Jahr. Wie viel Promille sind dies?

Lösung

$$\text{Promillesatz} = \frac{84 \cdot 1.000}{420.000} = 0{,}2\ ‰$$

3.3 Grundwert

Die Formel für den Grundwert lautet

$$\text{Grundwert} = \frac{\text{Prozentwert} \cdot 100}{\text{Prozentsatz}}$$

Aufgabe

Eine Leselampe wird mit einem Rabatt von 8 % angeboten. Wie hoch war der ursprüngliche Preis, wenn dieser Rabatt 15,60 € beträgt?

Lösung

$$\text{Grundwert} = \frac{15{,}60 \cdot 100}{8} = 195{,}\text{–}\ €$$

Die Leselampe kostete ursprünglich 195,–. Jetzt müssen dafür15,60 weniger ausgegeben werden, also nur noch 179,40.

3.4 Mehrwertsteuer

Fachlicher Hintergrund

Die Mehrwertsteuer ist eine verbrauchsabhängige Steuer und fällt in die Kategorie der Umsatzsteuer.
Die meisten Waren, aber auch Dienstleistungen, werden beim Verkauf bzw. der Rechnungstellung mit der Mehrwertsteuer belegt. Der Verbraucher zahlt diese Mehrwertsteuer, wenn er Produkte kauft oder die Dienste eines Handwerkers, Steuerberaters etc. in Anspruch nimmt.
Die Unternehmer müssen die erhaltene Mehrwertsteuer aus Verkäufen an das Finanzamt abführen, ziehen jedoch vorher die von ihnen bei Einkäufen bezahlte Mehrwertsteuer (diese wird hier Vorsteuer genannt) ab. Sie versteuern so also nur die Spanne zwischen ihren Kosten und ihren Erlösen, d. h. ihren „Mehrwert", was dieser Steuer den Namen gegeben hat.

Grundbegriffe und Steuersatz

- Nettopreis: Preis der Ware ohne Mehrwertsteuer
- Bruttopreis: Preis der Ware mit Mehrwertsteuer

Bruttopreis = Nettopreis + Mehrwertsteuer

Zur Zeit der Drucklegung dieses Bändchens (Nov. 2008) gelten in Deutschland folgende Steuersätze:

- Voller Mehrwertsteuersatz 19 % und
- ermäßigter Mehrwertsteuersatz 7%, dies für Lebensmittel, viele Getränke (nicht alle!), Bücher und Zeitungen, Fahrpreise im Nahverkehr u.a.

Die Mehrwertsteuersätze ändern sich immer wieder im Laufe der Jahre. Es ist innerhalb der Europäischen Union mit einer Vereinheitlichung zu rechnen.
Wer im Außenhandel tätig ist, wird in seiner beruflichen Rechenpraxis mit anderen Steuersätzen umgehen. Deshalb sind im Folgenden übungshalber auch Aufgaben mit unterschiedlichen Steuersätzen berücksichtigt.

Grundaufgaben der Mehrwertsteuerberechnung

Man wendet die Prozentformeln an, wobei gilt:

Mehrwertsteuersatz	=	Prozentsatz
Mehrwertsteuerbetrag	=	Prozentwert
Nettopreis	=	Grundwert
Bruttopreis	=	vermehrter Grundwert

Vom Nettopreis zum Bruttopreis

Gegeben: Steuersatz 19%. Nettopreis 95,–
Gesucht Mehrwertsteuer, Bruttopreis

$$\text{Mehrwertsteuer} = \frac{95 \cdot 19}{100} = 18{,}05$$

Nettopreis	95,–
+ 19 % Mehrwertsteuer	18,05
Bruttopreis	113,05

Der Bruttopreis ist der vermehrte Grundwert. Deshalb kann ganz einfach gerechnet werden:

Schnelle Formel zur Bruttopreisberechnung

bei 16 %: Nettopreis mal 1,16 = Bruttopreis
bei 7% : Nettopreis mal 1,07 = Bruttopreis
bei 19 %: Nettopreis mal 1,19 = Bruttopreis
usw. für beliebige Mehrwertsteuersätze

Vom Bruttopreis zur Mehrwertsteuer

Das ist die Fragestellung, wie viel Mehrwertsteuer in einem Preis enthalten ist. Ausführlich greift man auf den Kettensatz zurück.
Gegeben: Bruttopreis 142,80, Steuersatz 19%
Gesucht: Mehrwertsteuer
x entspricht 19 %
119 % entspricht 142,80

$$x = \frac{19 \cdot 142{,}80}{119} = 22{,}80$$

Fällt Ihnen auf, dass im Bruchstrich nur der Bruttopreis variabel ist, aber die übrigen Zahlen nur vom Steuersatz abhängen? Das liefert den Trick, die Zahl 19 : 119 = 0,15966 als festen Faktor zu nutzen. Analog erhält man 7 : 107 = 0,06542 und ganz allgemein für den Steuersatz x kann man bilden

$$\frac{x}{100 + x}$$

Schnelle Formel zur Berechnung enthaltener Mehrwertsteuer

Bei 19 %: Bruttopreis mal 0,15966 = Mehrwertsteuerbetrag
Bei 7%: Bruttopreis mal 0,06542 = Mehrwertsteuerbetrag

Allgemein: $\frac{\text{Bruttopreis mal x}}{100 + x}$ = Mehrwertsteuerbetrag

Vom Bruttopreis zum Nettopreis

Man kann die Mehrwertsteuer bestimmen und vom Bruttopreis subtrahieren. Muss man den Mehrwertsteuerbetrag nicht erkennen, lässt sich auch unmittelbar der Nettopreis bestimmen.
Gegeben: Bruttopreis 142,80, Steuersatz 19%
Gesucht: Nettopreis
x entspricht 100 %
119 % entspricht 142,80

$$x = \frac{100 \cdot 142{,}80}{119} = 120{,}–$$

Auch hier kann man unmittelbar mit Faktoren arbeiten.

Schnelle Formel zur Berechnung des Nettopreises

Bei 19 %: Bruttopreis mal 0,8403 = Nettopreis
Bei 7%: Bruttopreis mal 0,9346 = Nettopreis

Praxistipp: Die abgeleiteten Faktoren lassen sehr einfache Rechenformeln im Tabellenkalkulationsprogramm zu!

4 Zinsrechnen

Grundlagen – Effektivverzinsung – Zinseszins – Darlehen

Die Berechnung von Zinsen als Preis für Kapitalbeträge ist im Wesentlichen eine spezialisierte Form der Prozentrechnung, bei der als weitere Grundgröße die Zeit hinzukommt.

Gegenüberstellung der Grundgrößen der Prozent- und der Zinsrechnung

Prozentrechnung	Zinsrechnung
Grundwert	Kapital (K)
Prozentsatz	Zinssatz (p)
Prozentwert	Zinsen (z)
	Zeit (t)

Bei der Berücksichtigung der Zeit unterscheidet man drei Verfahren:

- Bei der taggenauen Berechnung wird das Jahr mit 365 Tagen und jeder Monat mit seiner exakten Tagesanzahl angesetzt, also der Februar mit 28 oder 29 Tagen und die anderen Monate mit 30 oder 31 Tagen.
- Bei der kaufmännischen Zinsrechnung wird jeder Monat – auch der Februar – mit 30 Tagen berechnet und das Jahr mit 360 Tagen. Der erste Tag der Laufzeit wird nicht gezählt, aber der letzte.
- Die Eurozinsmethode kombiniert die taggenaue Berechnung mit der kaufmännischen Zinsrechnung. Das Jahr wird mit 360 Tagen gerechnet, die Monate taggenau. Der erste Kalendertag wird nicht gezählt, jedoch der letzte Tag. Ist eine Zahlung an einem Feiertag oder Wochenende fällig, werden die Zinsen bis zum nächsten Werktag berechnet.

Analog zur Prozentrechnung lässt sich die jeweils fehlende Grundgröße aus den übrigen berechnen, bei der Zinsrechnung bestimmen also jeweils drei Größen die Höhe der vierten.

4.1 Zinsen berechnen

Jahreszinsen

Die Formel für die Berechnung der Jahreszinsen lautet:

$$\text{Jahreszinsen} = \frac{\text{Kapital} \cdot \text{Zinssatz} \cdot \text{Jahre}}{100}$$

$$z = \frac{K \cdot p \cdot t}{100}$$

Aufgabe

Ein Existenzgründer nimmt in der Ausbauphase des Gründungsunternehmens zur Erweiterung von Anlagen bei einer Bank ein Darlehen in Höhe von 20.000 € für 4 Jahre auf, das erst am Ende der Laufzeit zurückgezahlt wird. Wie hoch sind die Zinsen für 1 Jahr und 4 Jahre bei einem Zinssatz von 4,8 %?

Lösung

Zinsen für 1 Jahr

$$z = \frac{20.000 \cdot 4{,}8 \cdot 1}{100} = 960\ €$$

Zinsen für 4 Jahre

$$z = \frac{20.000 \cdot 4{,}8 \cdot 4}{100} = 3.840\ €$$

Monatszinsen

Die Formel für die Berechnung der Monatszinsen lautet:

$$\text{Monatszinsen} = \frac{K \cdot p \cdot t}{100 \cdot 12}$$

Aufgabe

Wie hoch sind die Zinsen für ein Darlehen von 25.000 € für 4 Monate zu 6%? Wie hoch ist der Rückzahlbetrag, wenn das Darlehen nach 4 Monaten fällig ist?

Lösung

$$z = \frac{25.000 \cdot 6 \cdot 4}{100 \cdot 12} = 500$$

Rückzahlungsbetrag

$25.000 + 500 = 25.500$

Tageszinsen

Die Formel für die Berechnung der Tageszinsen lautet:

$$\text{Tageszinsen} = \frac{\text{Kapital} \cdot \text{Zinssatz} \cdot \text{Tage}}{100 \cdot 360}$$

$$z = \frac{K \cdot p \cdot t}{100 \cdot 360}$$

Praxistipp: Hier muss darauf geachtet werden, nach welcher Methode die Tageszinsen errechnet werden: nach der taggenauen Methode, der kaufmännischen Zinsrechnung oder der Eurozinsmethode.

Aufgabe

Wie viele Zinstage ergeben sich nach der kaufmännischen Zinsrechnung aus folgenden Datumsangaben?

a) vom 29.7. bis 3.8.
b) vom 19.2. bis Ende Februar
c) vom 19.2. bis 2.3.
d) vom 28.3. bis 6.7.

Lösung

Vorab zum Grundsätzlichen: Der 31. Tag eines Monats wird nicht gerechnet. Der Februar zählt mit 30 Tagen, es sei denn bei der Angabe „bis Ende Februar" – hier wird genau gerechnet. Der erste Tag eines Zeitraums wird nicht gezählt.

a) vom 29.7. bis 3.8.	4 Zinstage (1 Tag im Juli + 3 Tage im August)
b) vom 19.2. bis Ende Feb.	9 Zinstage (noch 9 Tage bis zum 28. Februar, in einem Schaltjahr wären es 10 Tage)
c) vom 19.2. bis 2.3.	13 Zinstage (11 Tage im Februar + 2 Tage im März, Februar zählt mit 30 Tagen!)
d) vom 28.3. bis 6.7.	98 Zinstage (2 Tage im März + je 30 Tage im April, Mai und Juni + 6 Tage im Juli)

Aufgabe

Wie viele Zinsen bringt ein Guthaben in Höhe von 95.000 € vom 28.3. bis 6.7. bei 6,3 % Zinsen?

a) nach der kaufmännischen Zinsrechnung?

b) nach der Eurozinsmethode?

c) nach der taggenauen Methode?

Lösung

a) In der vorhergehenden Aufgabe wurden für diesen Zeitraum 98 Zinstage ermittelt.

$$Z = \frac{95.000 \cdot 6{,}3 \cdot 98}{100 \cdot 360} = 1.629{,}25\ €$$

b) 28.3. bis 6.7.: noch 3 Tage im März + 30 Tage im April + 31 Tage im Mai + 30 Tage im Juni + 6 Tage im Juli = 100 Zinstage

$$Z = \frac{95.000 \cdot 6{,}3 \cdot 100}{100 \cdot 360} = 1.662{,}50\ €$$

c) Bei taggenauer Berechnung ergeben sich 101 Zinstage, aber das Jahr wird mit 365 Tagen gerechnet.

$$Z = \frac{95.000 \cdot 6{,}3 \cdot 101}{100 \cdot 365} = 1.656{,}12\ €$$

Zinszahl und Zinsteiler

Um die umfangreicheren und schwieriger zu berechnenden Bruchstriche zu vermeiden, hat man aus der Tageszinsformel folgendes Rechenverfahren in drei Schritten abgeleitet:

1 Aus Kapital und Zeit wird die Zinszahl errechnet, und zwar ohne Kommastellen (ggf. aufrunden):
Zinszahl = # = 1 % vom Kapital · Tage

2 Der Zinssatz geht in den Zinsteiler ein:
Zinsteiler = Zt. = $\frac{360}{p}$

3 Die Tageszinsen ergeben sich aus folgender Division
Tageszinsen = $\frac{\#}{Zt.}$

Exkurs

Wen es interessiert: Die Ableitung ist recht einfach.

$$Z = \frac{K \cdot t \cdot p}{100 \cdot 360} = \frac{K}{100} \cdot t \cdot \frac{p}{360} = \frac{K}{100} \cdot t : \frac{360}{p}$$

Der Sinn lag früher (vor Rechner und PC) erstens darin, kleinere Zahlen und einfachere Rechenoperationen zu haben, wobei man Zinsteiler in Tabellen fand. Zweitens ist die Methode für zahlreiche komplexere Anwendungen unentbehrlich, die in folgenden Kapiteln behandelt werden.

Aufgabe

Wie hoch sind die Zinsen für ein Darlehen in Höhe von 40.000,– € für 90 Tage bei einem Zinssatz von 6 %?

Lösung

$\# = 1\,\%$ von $40.000 \cdot 90$ Tage $= 36.000$ und Zt. $= \frac{360}{6} = 60$

$$\text{Tageszinsen} = \frac{36.000}{60} = 600\ €$$

(Rechnen Sie bei Interesse mit der kaufmännischen Tageszinsformel nach!)

Summarisches Zinsrechnen

Hat man mehrere Darlehen oder Kapitalanlagen mit dem gleichen Zinssatz, jedoch unterschiedlicher Laufzeit, können die Zinsen in einer Rechnung – summarisch – berechnet werden. Der Zinsteiler ist für alle Zinszahlen gleich.

Aufgabe

Ein Schuldner ist durch einen Lottogewinn unerwartet zu Geld gekommen. Nun möchte er vier Außenstände begleichen, die vor einiger Zeit fällig waren. Wie hoch sind die Verzugszinsen bei folgenden Rechnungen und bei einem Zinssatz von 6 %:

Rechnungsbetrag	Zinstage
5.000 €	80
2.000 €	20
2.800 €	120
800 €	60

Lösung

Man erhält folgende Zinszahlen:

Rechnungsbetrag	Zinstage	Zinszahlen
5.000 €	80	4.000
2.000 €	20	400
2.800 €	120	3.360
800 €	60	480
Summe der Zinszahlen		8.240

Die Summe der Zinszahlen kann nun durch den gemeinsamen Zinsteiler dividiert werden.

Zinsteiler = 360 : 6 = 60

Tageszinsen = 8240 : 60 = 137,33 €

Der Schuldner muss Rechnungsbeträge und Verzugszinsen zurückerstatten. Es ergibt sich eine Summe von 5.000 € + 2.000 € + 2.800 € + 800 € + 137,33 € = 10.737,33 €.

Aufgabe

Bettina zahlt im Laufe des Jahres folgende Beträge auf ihr Sparkonto ein, das mit $3\frac{1}{3}$ % verzinst wird: 800 €, 500 €, 250 € und 650 €. Sie möchte das Gesamtguthaben am Jahresende wissen, wenn sich für die Verzinsung der Beträge in deren Reihenfolge 178 Tage, 75 Tage, 58 Tage und 28 Tage ergeben.

Lösung

Einzahlung	Zinstage	Zinszahlen
800,-	178	1.424
500,-	75	375
250,-	58	145
650,-	28	182
2.200,-		2.126

Zinsteiler = 360 : $3\frac{1}{3}$ = 108

Tageszinsen = 2126 : 108 = 19,69

Das Gesamtguthaben am Jahresende beträgt dann

2.200 € + 19,69 € = 2.219,69 €

4.2 Kapital berechnen

Die drei Zinsformeln (Jahr, Monat, Tag) ergeben umgestellt nach dem Kapital das Folgende:

Zeit in Jahren	Zeit in Monaten	Zeit in Tagen
$K = \frac{z \cdot 100}{p \cdot t}$	$K = \frac{z \cdot 100 \cdot 12}{p \cdot t}$	$K = \frac{z \cdot 100 \cdot 360}{p \cdot t}$

Aufgabe

Wie viel Kapital muss auf einem Konto mit einer Verzinsung von 6% anlegt werden, wenn man nach 60 Tagen 1.500 € an Zinsen haben möchte?

Lösung

Man kann mit 2 Monaten in der Monatsformel oder mit 60 Tagen in der Tagesformel rechnen.

$$\text{Kapital} = \frac{1.500 \cdot 100 \cdot 12}{6 \cdot 2} = 150.000\ €$$

Aufgabe

Welches Kapital bringt in 38 Tagen zu einem Zinssatz von 10% genauso viele Zinsen wie ein Kapital in Höhe von 3.000 € zu 8% in 65 Tagen?

Lösung

Zuerst müssen 8% Zinsen von 3.000 € in 65 Tagen berechnet werden:

$$\text{Tageszinsen} = \frac{3.000 \cdot 8 \cdot 65}{100 \cdot 360} = 43,33\ €$$

Nun wird mithilfe der ermittelten Zinsen das gesuchte Kapital ausgerechnet.

$$\text{Kapital} = \frac{43,33 \cdot 100 \cdot 360}{10 \cdot 38} = 4.104,95\ €$$

4.3 Zinssatz berechnen

Die drei Zinsformeln (Jahr, Monat, Tag) ergeben umgestellt nach dem Zinssatz das Folgende:

Zeit in Jahren	Zeit in Monaten	Zeit in Tagen
$p = \frac{z \cdot 100}{K \cdot t}$	$p = \frac{z \cdot 100 \cdot 12}{K \cdot t}$	$p = \frac{z \cdot 100 \cdot 360}{K \cdot t}$

Aufgabe

Welchen Zinssatz verlangt die Bank für ein Darlehen in Höhe von 20.000 €, wenn der Schuldner 1.700 € Zinsen pro Jahr zahlen muss?

Lösung

$$p = \frac{1.700 \cdot 100}{20.000 \cdot 1} = 8{,}5\ \%$$

Aufgabe

Ein Kredit wird einschließlich der Zinsen von 312,50 € mit 24.312,50 € zurückgezahlt. Der Kreditzeitraum belief sich auf 85 Tage. Zu welchem Zinssatz wurde der Kredit erteilt?

Lösung

Darlehenssumme 24.312,50 € – 312,50 € = 24.000 €

$$p = \frac{312{,}50 \cdot 100 \cdot 360}{24.000 \cdot 85} = 5{,}5147058 = \text{gerundet } 5{,}51\ \%$$

Bei dem krummen Prozentsatz fragt man sich, wer bei der Vereinbarung der Zinssätze am Werk gewesen sein mag …

Praxishinweis: Bei der banküblichen Abrechnung von Krediten fallen neben Zinsen z. B. auch Bearbeitungsgebühren an, die pauschal angesetzt und bei der Bestimmung des Effektivzinses mitbetrachtet werden. Dann muss die hier behandelte einfache Zinsrechnung erweitert werden (vgl. Abschnitt 4.6.)

4.4 Zeit berechnen

Die drei Zinsformeln (Jahr, Monat, Tag) ergeben umgestellt nach der Zeit das Folgende:

Zeit in Jahren	Zeit in Monaten	Zeit in Tagen
$t = \frac{z \cdot 100}{K \cdot p}$	$t = \frac{z \cdot 100 \cdot 12}{K \cdot p}$	$t = \frac{z \cdot 100 \cdot 360}{K \cdot p}$

Aufgabe

Wie lange waren 3.500 € angelegt, wenn sie bei 6% Verzinsung 420 € Zinsen brachten?

Lösung

Hier besteht das Problem, dass man nicht unmittelbar sieht, welche Formel zu benutzen ist. Wählt man die Jahres- oder die Monatsformel, muss man am Ende mögliche Bruchteile umrechnen. Umgekehrt lassen sich ggf. große Tagesanzahlen in Monate umrechnen. Wir probieren es zunächst mit der Monatsformel:

$$t = \frac{420 \cdot 100 \cdot 12}{3.500 \cdot 6} = 24 \text{ Monate}$$

Die Anlagedauer betrug also 24 Monate oder 2 Jahre, was man auch unmittelbar aus der Jahresformel erhält.

Aufgabe

In wie vielen Tagen bringen 18.000 € zu 6% Zinsen in Höhe von 585 €?

Lösung

$$t = \frac{585 \cdot 100 \cdot 360}{18.000 \cdot 6} = 195 \text{ Tage}$$

Praxistipp: Natürlich muss auch bei allen umgestellten Zinsformeln im Falle tagesgenauer Rechenweise anstelle der 360 Tage mit 365 Tagen gearbeitet werden!

4.5 Kapital- und Zinsrechnen vom vermehrten und verminderten Wert

Analog zum vermehrten Grundwert der Prozentrechnung setzt sich der vermehrte Kapitalwert aus dem Kapital und den Zinsen zusammen. Der verminderte Kapitalwert ist das Kapital abzüglich der Zinsen. Der Chefbuchhalter ist hier immer auf der Suche nach dem Ausgangskapital und der Höhe der Zinsen.

Aufgabe

Ein zu 6% ausgeliehenes Darlehen wird nach 320 Tagen zurückgezahlt. Der Rückzahlungsbetrag in Höhe von 18.960 € enthält die Zinsen. Wie hoch war das Darlehen und wie viele Zinsen sind in der Rückzahlung enthalten?

Lösung

Der Betrag von 18.960 € ist der um die Zinsen vermehrte Wert. Zur Lösung kann man den kaufmännischen oder algebraischen Weg wählen.

Kaufmännische Lösung

Die 6% Jahreszinsen werden (mit dem Kettensatz) auf 320 Tage umgerechnet:

x % entsprechen 320 Tagen
360 Tage entsprechen 6%

$$x = \frac{320 \cdot 6}{360} = 5{,}33\ \%$$

Das Anfangskapital ist also um 5,33 % vermehrt. Als Nächstes ermittelt man das Anfangskapital, das 100% entspricht (vgl. in Abschnitt 3.1 zum vermehrten Grundwert):

x € entsprechen 100 %
105,33 % entsprechen 18.960 €

$$x = \frac{100 \cdot 18.960}{105{,}33} = 18.000\ € \text{ (gerundet)}$$

Das Anfangskapital beträgt 18.000,- (Rundungsfehler wegen 5,33333 %).

Als Gegenprobe kann man jetzt noch 6% Zinsen für 320 Tage berechnen.

$$\text{Zinsen} = \frac{18.000 \cdot 6 \cdot 320}{100 \cdot 360} = 960\ €$$

Anfangskapital	18.000 €
+ 6% Zinsen für 320 Tage	960 €
Rückzahlungsbetrag	18.960 €

Algebraische Lösung

Man überlegt sich, dass sich die Rückzahlung aus dem Darlehen und den Zinsen zusammensetzt:

Darlehen + Zinsen = Rückzahlung

Anschließend setzt man x als Platzhalter für das gesuchte Darlehen. Um ein möglichst genaues Ergebnis zu erhalten, sollte man bei Dezimalzahlen mit möglichst vielen Stellen hinter dem Komma rechnen.

$$x + \frac{x \cdot 6 \cdot 320}{100 \cdot 360} = 18.960 \qquad x + \frac{1.920x}{36.000} = 18.960$$

$$x + 0{,}05\overline{3}x = 18.960 \qquad 1{,}05\overline{3}x = 18.960$$

$$x = \frac{18.960}{1{,}05\overline{3}} = 18.000\ €$$

Aufgabe (zum Weiterüben – Lösung im Anhang)

Eine Bank gewährt ein Darlehen für 320 Tage zu 6% Jahreszinsen. Die Zinsen wurden bei der Auszahlung gleich einbehalten und die Bank zahlt an den Kreditnehmer 17.040 € aus. Wie hoch ist das Darlehen und wie viele Zinsen werden berechnet?

Tipp: Hier liegt ein verminderter Kapitalwert vor, was wie der verminderte Grundwert der Prozentrechnung behandelt wird und ähnlich wie die obige Aufgabe zum vermehrten Wert funktioniert (an der richtigen Stelle abziehen statt zuzählen). Wenn Sie die Lösung gefunden haben – überlegen Sie auch einmal, ob der Kreditnehmer wirklich nur 6 % bezahlt (die verfügbare Summe liegt ja niedriger!).

4.6 Effektivzins bei Skonto

Wann lohnt es, eine Rechnung unter Abzug von Skonto zu bezahlen und dafür einen Kredit (z. B. Kontokorrentkredit) aufzunehmen? Man rechnet den Skontosatz auf ein Jahr hoch und vergleicht ihn mit den Kreditkosten.

Liegen die Kreditkosten unter dem Skonto, lohnt es, innerhalb des Zahlungszieles des Skonto zu zahlen.

Aufgabe

Eine Rechnung beläuft sich auf 3.000,– €. Die Zahlungsbedingung lautet: Zahlung sofort mit 2% Skonto oder innerhalb von 30 Tagen netto. Die Kreditkosten betragen 12%. Lohnt sich die Kreditaufnahme für das Ausnutzen von Skonto?

Lösung mit kaufmännischer Überschlagsrechnung

Da sich die 2% Skonto auf den Zielzeitraum von einem Monat beziehen, muss man den Zinssatz auf ein Jahr umrechnen.

Kaufmännische Überschlagsrechnung

x % entspricht 12 Monaten

1 Monat entspricht 2 %

$$x = \frac{12 \cdot 2}{1} = 24\,\%$$

Da Finanzierungskosten in aller Regel (deutlich) niedriger liegen, lohnt hier der Skonto.

Praxistipps:

a) Der Kredit muss nicht über die volle Rechnungssumme aufgenommen werden, sondern nur über die Summe abzüglich Skonto. Berechnen Sie im Zweifel die Kreditkosten mathematisch exakt für die reduzierte Kreditsumme!

b) Bei der Berechnung darf/braucht man nur den kostenpflichtigen Kreditzeitraum zu berücksichtigen.

Aufgabe

Eine Rechnung in Höhe von 10.000 € ist zu bezahlen. Die Zahlungsbedingungen lauten: 3 % Skonto innerhalb von 10 Tagen oder 30 Tage netto. Die Kreditkosten betragen 18 %.

Lösung

Da unter Abzug von Skonto erst am 10. Tag bezahlt werden muss, beträgt der kostenpflichtige Kreditzeitraum 20 Tage.

Kaufmännische Überschlagsrechnung

$$p = \frac{360 \cdot 3}{20} = 54\ \%\ \text{pro Jahr}$$

Berechnung des Finanzierungsgewinns

$$z = \frac{9.700 \cdot 18 \cdot 20}{100 \cdot 360} = 97\ €$$

Skontoertrag	300,-- €
Kreditkosten	97,– €
Finanzierungsgewinn	203,– €

Hinweis

Es gibt durchaus Fälle, in denen ein Finanzierungsverlust auftritt. Dabei muss ein sehr langer Kreditzeitraum mit hohen Kreditkosten zusammentreffen (zum Beispiel führt die Zahlungsbedingung 2 % Skonto innerhalb von 10 Tagen oder 60 Tage netto und bei Kreditkosten von 16 % zu einem Finanzierungsverlust; denn 2 % Skonto auf die 50 Tage ergibt pro Jahr überschlagsmäßig 14,4 % was unter den genannten Kreditkosten liegt).

4.7 Effektivzins und Disagio bei Darlehen

Neben Zinsen sind für ein Darlehen in der Regel auch Provisionen, Gebühren und Spesen zu bezahlen. Ferner kann bei Darlehen vereinbart werden, dass sie nicht zu 100% ausgezahlt werden, sondern mit einem Abschlag (Disagio). Der Effektivzins bezieht dies alles mit ein:

> Der Effektivzins schließt im Gegensatz zum Nominalzins sämtliche Nebenkosten mit ein. Direkt vergleichen kann man Angebote von Kreditinstituten also nur mithilfe des Effektivzinses.

Der Effektivzins liegt entsprechend höher als der Normalzins.

Aufgabe

Ein Schuldner erhält ein Darlehen in Höhe von 50.000,– € mit einem Nominalzinssatz von 8 %, das zu 95 % ausgezahlt wird. Die Bank verlangt 3 % Bearbeitungsgebühren und 20,– € Spesen. Das Darlehen ist nach Ablauf von 8 Jahren in einer Summe zu tilgen. Wie hoch sind der Auszahlungsbetrag, die tatsächlichen Kreditkosten und der effektive Zinssatz?

Lösung

Darlehen	50.000,– €
– 5 % Disagio	2.500,– €
– 3% Gebühren	1.500,– €
– Spesen	20,– €
= Auszahlungsbetrag	45.980,– €

Zinsen (8 Jahre zu 8 % auf 50.000,– €)	32.000,– €
+ Disagio (5 % von 50.000,– €)	2.500,– €
+ Gebühren (3 % von 50.000,– €)	1.500,– €
+ Spesen	20,– €
= tatsächliche Kreditkosten	36.020,– €

Zur Ermittlung des effektiven Zinssatzes werden die Kreditkosten zum Auszahlungsbetrag auf ein Jahr mithilfe der Zinsformel ins Verhältnis gesetzt:

$$p = \frac{z \cdot 100}{K \cdot \text{Jahre}} = \frac{36.020 \cdot 100}{45.980 \cdot 8} = 9{,}79\ \%$$

Man sieht: Mit 9,79 % liegt der effektive Zinssatz deutlich über dem Nomalzinssatz von 8 %.

Effektivzins im Teilzahlungsgeschäft

Im Teilzahlungsgeschäft/Ratengeschäft findet man häufig die Angabe des Zinssatzes pro Monat. Dieser erscheint meist nicht so hoch. Bei der Berechnung der Zinsen gibt es zwei Varianten:

- Ermittlung der Zinsen je Monat auf die jeweilige Restzahlung und
- Ermittlung der Zinsen je Monat auf die Anfangskreditsumme.

Aufgabe

Zum Kauf einer Schiffschaukel wurde ein Teilzahlungskredit in Höhe von 3.000,– € aufgenommen. Die Rückzahlung erfolgt 2 Jahre lang in monatlichen Raten. Die Zinsbelastung beträgt 0,5 % pro Monat nach der Variante 1, d.h. Zinsen je Monat auf die jeweilige Restzahlung. Wie viel ist monatlich zu zahlen?

Lösung

0,5 % pro Monat entspricht 6 % Jahreszinsen (effektiv)

Rate pro Monat	= 3.000,– € : 24 Monate =	125,– €
Zinszahlung im 1. Monat:	0,5 % von 3.000,– € =	15,– €
Kreditbetrag im 2. Monat:	3.000,– € – 125,– € =	2.875 ,– €
Zinszahlung im 2. Monat:	0,5 % von 2.875,– € =	14,38 €
Kreditbetrag im 3. Monat:	2.875,– € – 125,– € =	2.750 ,– €
Zinszahlung im 3. Monat:	0,5 % von 2.750,– € =	13,75 €

usw.

Praxistipp: Dies lässt sich gut mit der Tabellenkalkulation zu Ende rechnen. Sie legen 4 Spalten an, tragen in Spalte A die Monate, in Feld B1 die Ausgangssumme und in Felder B2, C1 und D1 unten stehende Formeln ein. Kopieren Sie die Formeln nach unten (das Programm setzt automatisch die Bezüge):

	A	B	C	D
	Monat	Restkredit	Zinsen	Rate
1	1	3000	= B1*0,005	= 125+C1
2	2	= B1–125	= B2*0.005	= 125+C2
	...			
24	24	= B23–125		

Aufgabe

Beim Kauf der Schiffschaukel zu 3.000,– € werden folgende Ratenkreditbedingungen vereinbart:

- Anzahlung 120,– €
- Restkaufsumme in 24 gleichen Monatsraten
- 0,5 % Zinsen (Variante 2: auf Anfangskreditsumme)
- einmalige Bearbeitungsgebühr in Höhe von 0,5 %.

Wie viel Euro muss der Käufer insgesamt zurückzahlen und wie hoch in % ist die tatsächliche Verzinsung mit und ohne Bearbeitungsgebühr?

Lösung

Kreditsumme = 3.000 € – 120 € Anzahlung =	2.880,– €
Zinsen monatlich 0,5 % auf 2.880,– € = 14,40 €	
Zinsen insgesamt 14,40 € mal 24 Monate =	345,60 €
0,5 % Bearbeitungsgebühr von 2.880,– € =	14,40 €
Gesamtrückzahlung	3.240,– €
Die monatliche Rate beträgt 3.240 : 24 =	135,– €

Zur Berechnung des effektiven Zinssatzes gibt es mehrere Wege (siehe auch Abschnitt 5.2 zum Terminrechnen). Hier wählen wir den Zwischenschritt, zunächst die „echten" Zinsen zu berechnen. Diese betragen 6 % für den mittleren Kreditrestbetrag (und zwar die Rate ohne Kosten):

zu verzinsender Kreditbetrag im 1. Monat =	2.880,– €
zu verzinsender Kreditbetrag im 24. Monat =	120,– €
mittlerer Kreditbetrag = (2.880 + 120) / 2 =	1.500,– €

Mit der Monatszinsformel: $z = \frac{1.500 \cdot 6 \cdot 24}{100 \cdot 12} = 180\,€$

180 € wären also zu zahlen, wenn die Zinsen nur für die jeweilige Restkreditsumme anfielen, was 6 % Effektivzins entspräche. Tatsächlich fallen aber 345,60 € Zinsen an und mit dem Kettensatz ermittelt man:

x % entsprechen 345,60 €
180 € entsprechen 6 %

$x = \frac{345{,}60 \cdot 6}{180} = 11{,}52\,\%$

Der effektive Zinssatz ohne Bearbeitungskosten, mit dem sich die beiden Varianten der reinen Verzinsung vergleichen lassen, beträgt also 11,52 %. Wer mag, kann nachrechnen, dass der effektive Zinssatz inkl. Bearbeitungsgebühren 12 % beträgt.

4.8 Zinseszins

Bei vielen Anlageformen, z.B. dem Sparbuch, werden Zinsen dem Kapital zugeschlagen und im nächsten Jahr mitverzinst.

Wird nicht nur das Kapital verzinst, sondern auch die gutgeschriebenen Zinsen, spricht man vom Zinseszins.

Aufgabe

3.000,– € werden für 3 Jahre zu 5 % Zinsen angelegt. Die anfallenden Zinsen werden dem Konto gutgeschrieben und ebenfalls verzinst. Wie hoch ist das Kapital am Ende des 3. Jahres?

Lösung

3.000,– €	Kapital am Anfang des 1. Jahres
+ 150,– €	5 % Zinsen auf 3.000,– €
3.150,– €	Kapital am Anfang des 2. Jahres
+ 157,50	5 % Zinsen auf 3.150,– €
3.307,50	Kapital am Anfang des 3. Jahres
+ 165,38	5 % Zinsen auf 3.307,50 €
3.472,88	Kapital am Ende des 3. Jahres

Zinseszinsfaktor

Berechnet man die Zinseszinsen für 1 € Kapital und multipliziert das Ergebnis mit dem eingesetzten Kapital, erhält man das gleiche Ergebnis. Man ermittelt so den Zinseszinsfaktor.

1,– €	Kapital am Anfang des ersten Jahres
+ 0,05	5 % Zinsen auf 1,– €
1,05	Kapital am Anfang des zweiten Jahres
+ 0,0525	5 % Zinsen auf 1,05 €
1,1025	Kapital am Anfang des dritten Jahres
+ 0,055125	5 % Zinsen auf 1,1025 €
1,157625	Kapital am Ende des dritten Jahres

Man sieht:
3.000,– € mal 1,157625 = 3.472,88 €
und allgemein gilt:

Einsatzkapital mal Zinseszinsfaktor = Endkapital

Zinseszinsfaktoren kann man aus Zinseszinstabellen herauslesen, die man noch immer vielfach in Nachschlagewerken, Taschenkalendern etc. findet. Der Einsatz dieser Tabellen hat aber im Zeitalter des PC an praktischer Bedeutung verloren, weil sich die Berechnungen bestens in einem Tabellenkalkulationsprogramm ausführen lassen.

4.9 Arten von Darlehen

Hinsichtlich der Tilgung unterscheidet man
- Festdarlehen,
- Abzahlungsdarlehen und
- Annuitätendarlehen.

Der Kapitaldienst gibt die Höhe der Rückzahlungen an, die sich aus Zinsen und Tilgungen zusammensetzen können.

Festdarlehen

Festdarlehen (endfällige Darlehen) werden am Ende der Laufzeit in einer Summe zurückgezahlt. Während der Laufzeit fallen nur Zinsen an. Der Kapitaldienst im letzten Jahr ist hoch, da zu den Zinsen der Darlehensbetrag als Tilgung hinzu kommt. Aufgabenbeispiele für Festdarlehen befinden sich in Abschnitt 4.1.

Abzahlungsdarlehen

Bei Abzahlungsdarlehen (Tilgungsdarlehen) erfolgt die Tilgung in gleich bleibenden Raten. Zur Tilgungsrate kommt der Zins hinzu, der sich dann von Jahr zu Jahr reduziert.

Der Kapitaldienst (Zins + Tilgung) sinkt während der Laufzeit. Es können auch tilgungsfreie Jahre vereinbart werden.

Aufgabe

Ein Darlehen über 100.000,– € wird zu 8 % aufgenommen. Die Laufzeit beträgt 4 Jahre. Die Tilgung soll bei gleichen jährlichen Raten erfolgen. Es ist ein Tilgungsplan zu erstellen.

Lösung

Jahr	Schuld am Jahresanf.	Zinsen	Tilgung	Kapital-dienst	Schuld am Jahresende
1	100.000	8.000	25.000	33.000	75.000
2	75.000	6.000	25.000	31.000	50.000
3	50.000	4.000	25.000	29.000	25.000
4	25.000	2.000	25.000	27.000	0
Summe		20.000	100.000	120.000	

Praxistipp: Von der Schuld am Jahresanfang ist nur die Tilgung zu subtrahieren, um zur Schuld am Jahresende zu gelangen. Man darf nicht versehentlich den Kapitaldienst abziehen!

Aufgabe

Wie sieht beim Darlehen aus obiger Aufgabe der Tilgungsplan aus, wenn die ersten 2 Jahre tilgungsfrei bleiben sollen?

Lösung

Jahr	Schuld am Jahresanf.	Zinsen	Tilgung	Kapital-dienst	Schuld am Jahresende
1	100.000	8.000	0	8.000	100.000
2	100.000	8.000	0	8.000	100.000
3	100.000	8.000	50000	58.000	50.000
4	50.000	4.000	50.000	54.000	0
		28.000	100.000	128.000	

Annuitätendarlehen

Hier erfolgt die Rückzahlung ebenfalls in Raten, jedoch nicht in gleich bleibenden Tilgungsraten, sondern:

> Beim Annuitätendarlehen werden gleich bleibende Kapitaldienstraten (Zins + Tilgung) gezahlt.

Da die Zinsen Jahr für Jahr durch die laufende Tilgung abnehmen, muss sich entsprechend die Tilgung um diesen Betrag erhöhen. Zur Berechnung der Annuität gibt es Tabellen, aus denen man den Kapitalwiedergewinnungsfaktor herauslesen kann.

Beispiel

Auszug aus einer Tabelle mit einem Zinssatz von 10%

1 Jahr	2 Jahre	3 Jahre	4 Jahre
1,100000	0,576190	0,402115	0,315471

Zur Ermittlung der Annuität wird das Darlehen mit dem Kapitalwiedergewinnungsfaktor multipliziert.

Aufgabe

Ein Darlehen über 100.000,– € wird zu 10 % auf 4 Jahre als Annuitätendarlehen aufgenommen. Es ist ein Tilgungsplan zu erstellen.

Lösung

Die Annuität errechnet sich aus:
100.000,– € mal 0,315471 = 31.547,10 €

Tilungsplan

Jahr	Schuld am Jahresanf.	Zinsen	Tilgung	Kapital-dienst	Schuld am Jahresende
1	100.000	10.000	21.547,10	31.547,10	78.452,90
2	78.452,90	7.845,29	23.701,81	31.547,10	54.751,09
3	54.791,09	5.475,11	26.071,99	31.547,10	28.679,10
4	28.679,10	2.867,91	28.679,19	31.547,10	0,09
Summe		26.188,31	100.000,09	126.188,40	

Die Tilgung berechnet man aus der Differenz von Kapitaldienst und Zinsen. Die Zinsen werden nach wie vor von der Schuld am Jahresanfang berechnet. Kapitaldienst – der beim Annuitätendarlehen jedes Jahr gleich ist – abzüglich Zinsen ergibt Tilgung. Die Schuld am Jahresende ergibt sich dann wieder aus der Schuld am Jahresanfang abzüglich der Tilgung. So geht man Jahr für Jahr vor. Aufgrund von Rundungsfehlern kann es sein, dass die Rechnung nicht exakt aufgeht.

Praxistipp: Obige Tabelle kann man mit wenigen Grundeinträgen in einer Tabellenkalkulation (auf PC) aufbauen. Die Formeln gibt man nur einmal ein und kopiert sie weiter.

Zinsrechnung im Überblick

Laufzeitberechnung

- tagesgenau: Monat nach genauen Tagen, Jahr mit 365 Tagen, jeder Tag wird berechnet
- kaufmännisch: Monat mit 30 Tagen (inkl. Februar, außer bei Laufzeit bis Ende Februar), Jahr als 360 Tage, 1. Tag zählt nicht, letzter Tag zählt
- Eurozinsmethode: Monat nach genauen Tagen, Jahr als 360 Tage, 1. Tag zählt nicht, letzter Tag zählt

Zinszahlmethode

Zinszahl # = 1 % vom Kapital · Tage

Zinsteiler Zt. = 360 : p

Tageszinsen = # : Zt.

Zinsformeln

K = Kapital, p = Zinssatz, z = Zinsen, t = Zeit (Jahr o. Monat o. Tag)

	Jahresformel	Monatsformel	Tagesformel
Zinsen z =	$\frac{K \cdot p \cdot t}{100}$	$\frac{K \cdot p \cdot t}{100 \cdot 12}$	$\frac{K \cdot p \cdot t}{100 \cdot 360}$
Kapital K =	$\frac{z \cdot 100}{p \cdot t}$	$\frac{z \cdot 100 \cdot 12}{p \cdot t}$	$\frac{z \cdot 100 \cdot 360}{p \cdot t}$
Zinssatz p =	$\frac{z \cdot 100}{K \cdot t}$	$\frac{z \cdot 100 \cdot 12}{K \cdot t}$	$\frac{z \cdot 100 \cdot 360}{K \cdot t}$
Zeit t =	$\frac{z \cdot 100}{K \cdot p}$	$\frac{z \cdot 100 \cdot 12}{K \cdot p}$	$\frac{z \cdot 100 \cdot 360}{K \cdot p}$

Wann lohnt Skonto?

Wenn der Effektivzins für einen Kredit in Höhe des Rechnungsbetrags (vermindert um den Skonto) höher liegt als der Skontobetrag (als Laufzeit ist nur die Differenz der Zahlungsziele zu rechnen).

Normalzins und Effektivzins

- Normalzins = ausschließlicher Zins, nach den Zinsformeln berechnet
- Effektivzins = Normalzins + Nebenkosten und inkl. Einrechnung des Disagios (Abschlag vom Auszahlungsbetrag)

Monatszinsen

- Bei Zinszahlung nur für den Kreditrestbetrag gilt Jahreszinssatz = Monatszinssatz mal 12
- Bei Zinssatz für den Ausgangskreditbetrag liegt der Effektivzins höher und muss detailliert errechnet werden (Abschnitt 4.7)

Zinseszins

Die Zinsen werden dem Kapital zugeschlagen und in jeder nächsten Periode mitverzinst. Berechnung z. B. mit Zinseszinsfaktoren (Abschnitt 4.8)

Darlehensarten

- Festdarlehen: regelmäßige Zinszahlung, Tilgung am Ende
- Abzahlungsdarlehen: feste Tilgungsrate, dadurch sinkende Zinsrate und also sinkender Kapitaldienst
- Annuitätendarlehen: feste Zahlungsrate aus steigendem Tilgungs- und sinkendem Zinsanteil

5 Finanzmathematische Anwendungen

Diskont – Termin – Kontokorrent – Devisen – Effekten

5.1 Diskontrechnen

Die Diskontrechnung findet Anwendung zur Berechnung des Barwertes von Wechseln, die vor dem Verfalltag an eine Bank verkauft werden.

> Der Barwert ist die Wechselsumme abzüglich Diskont und eventuell Spesen.

Damit kommt der Diskont Kreditzinsen für den vorab zur Verfügung gestellten Wechselbetrag gleich.
Ggf. legt die Bank Mindestdiskonttage bzw. einen Mindestdiskont je Wechsel fest. Diese Angaben sind bei der Berechnung des Barwertes zu berücksichtigen. Nimmt ein Unternehmer einen Wechsel von einem Kunden an, verrechnet er diesen abzüglich des Diskonts, den ihm wiederum die Bank abzieht.
Wichtig: Fällt der Verfalltag auf einen Samstag, Sonntag oder gesetzlichen Feiertag, ist der Wechsel am darauf folgenden Werktag fällig.

Beispiel zur Mindestdiskontzahl

Wird ein Diskont von 8 % berechnet und verlangt die Bank einen Mindestdiskont von 5,– € , so ermittelt man

- Zinsteiler Zt. = 360 : 8 = 45 und daraus nach der passend umgestellten Zinszahlformel (vgl. Abschnitt 4.1.4)
- Zinszahl = Zins mal Zinsteiler
  = 5 · 45 = 225

Hinweise zum Berechnungsverfahren

Wird ein einzelner Wechsel diskontiert, ermittelt man die Diskont- = Zinstage und berechnet den Diskont wie Tageszinsen (vgl. Kap. 4 Zinsrechnung), ggf. zuzüglich Spesen.

Diskonttage

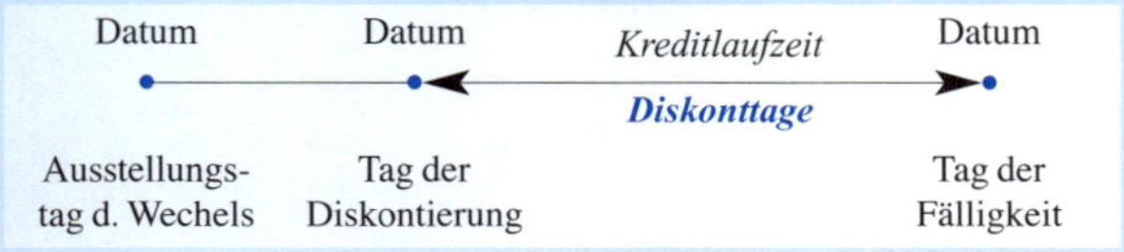

Sind mehrere Wechsel mit gleichem Diskontsatz abzurechnen, kann man wie bei der summarischen Zinsrechnung vorgehen.

Aufgabe

Bei einer Bank werden 4 Wechsel mit folgenden Beträgen und Laufzeiten zum Diskontsatz von 9 % abgerechnet: 3.500 € für 30 Tage, 6.350 € für 44 Tage, 4.500 € für 67 Tage, 4.000 € für 79 Tage. Pro Wechsel werden Spesen von 3,– € berechnet. Wie hoch ist der Barwert der vier Wechsel zusammen?

Lösung

Als erstes berechnet man die Zinszahlen/Diskontzahlen.

Betrag	Tage	Zins-/Diskontzahl
3.500,– €	30	1.050
6.350,– €	44	2.794
4.500,– €	67	3.015
4.000,– €	79	3.160
18.350,– €		10.019

(Sehen die AGB d. Bank Mindestdiskontzahlen oder -tage vor, sind diese anstatt der errechneten hier einzusetzen!)

Die Berechnung der Zinsen/des Diskonts erfolgt über den Zinsteiler/Diskontteiler.

Diskontteiler = 360 : 9 = 40 und
Zinsen/Diskont = 10.019 : 40 = 250,48

Summe der Wechselbeträge	18.350,– €
– Diskont	250,48 €
– Spesen 4 mal 3,– €	12,– €
= Barwert	18.087,52

5.2 Terminrechnen

Mit der Terminrechnung lässt sich ermitteln:

- gemeinsamer Fälligkeitstag für mehrere Beträge, die zu unterschiedlichen Terminen fällig sind (z. B. Kreditraten oder Gebühren),
- Restzahlungstermin, wenn zum Ausgleich einer Schuld schon Teilzahlungen erfolgt sind,
- Effektivzins bei Ratenzahlung.

Gemeinsamer Fälligkeitstag mehrerer Forderungen

Bei der Bezahlung am mittleren Verfalltag haben weder der Gläubiger noch der Schuldner einen Zinsgewinn oder Zinsverlust. Müssen Tage gerundet werden, rundet der Gläubiger nach unten und der Schuldner nach oben.

Berechnung bei gleichen Beträgen

Man wählt den ersten Zahlungstermin als Stichtag und berechnet im Prinzip den Mittelwert der Zinstage aller Forderungen. Der mittlere Verfalltag ergibt sich mit der Formel:

$$\text{Mittlerer Verfallstag} = \frac{\text{Stichtag} + \text{Summe der Zinstage}}{\text{Anzahl der Raten}}$$

Aufgabe

Ein Darlehen soll in vier gleichen Raten jeweils monatlich zurückgezahlt werden. Wann ist der mittlere Verfalltag, wenn als erster Zahlungstermin der 12. Mai vereinbart ist?

Lösung

Rate	fällig am	Zinstage vom Stichtag an
1	12.5.	–
2	12.6.	30
3	12.7.	60
4	12.8.	90
		180 : 4 = 45 Tage

Mittlerer Verfalltag = Stichtag + 45 Tage
= 12. Mai + 45 Tage = 27. Juni
(kaufmännische Tagberechnung, siehe Kap. Zinsrechnung!)
Ergäben sich z. B. 45,4 Tage und setzt der Gläubiger den Verfalltag fest, rundet er auf 45 Tage, aber der Schuldner auf 46 Tage.

Anwendung zur Zinsberechnung bei Ratenzahlung

Terminrechnung bietet eine Alternative zu dem Vorgehen der Effektivzinsberechnung, das in Abschnitt 4.6 gezeigt wurde.

Aufgabe

Ein Fernseher kostet bar 1.000,– €. Der Händler fordert bei Ratenzahlung 200,– € Anzahlung und 4 Monatsraten zu je 220,– €. Die Zahlung der Raten beginnt einen Monat nach Anzahlung. Welchem Zinssatz entspricht der Ratenaufschlag?

Lösung

Barpreis Fernseher	1.000,– €
– Anzahlung	200,– €
Restschuld	800,– €
Summe der Raten: 4 · 220,– € =	880,– €
Ratenaufschlag	80,– €

Rate	fällig	Zinstage vom Stichtag an
1	1 Monat nach Anzahlung	–
2	1 Monat später	30
3	1 Monat später	60
4	1 Monat später	90
		180 : 4 = 45 Tage

Den Zinssatz für den Ratenaufschlag berechnet man über die Zinsformel und setzt darin ein:

- Zinsen = Ratenaufschlag (+ evtl. Gebühren),
- Kapital = Restschuld, die in Raten zu begleichen ist,
- Tage = Tage vom Kauf bis zur Fälligkeit der ersten Rate + Tage von der Fälligkeit der ersten Rate bis zum mittleren Verfalltag.

Die Zinsen betragen in diesem Fall 80,– €. Als Kapital setzt man 800,– € ein. Die Tage ergeben sich aus 30 Tagen (vom Kauf bis zur Fälligkeit der ersten Rate) + 45 Tage (von der Fälligkeit der ersten Rate bis zum mittleren Verfalltag) = 75 Tage. Daraus ergibt sich

$$\text{Zinssatz} = \frac{z \cdot 100 \cdot 360}{K \cdot t} = \frac{80 \cdot 100 \cdot 360}{800 \cdot 75} = 48\,\%$$

Terminrechnen mit ungleichen Beträgen

Anwendungen sind beispielsweise: Zahlung verschieden hoher Beträge mit unterschiedlichen Fälligkeiten als Gesamtsumme zum mittleren Verfalltag oder Gesamtgutschrift für Wechsel mit unterschiedlichen Beträgen. Prinzipiell ist das Vorgehen analog zu dem bei gleichen Beträgen, nur berechnet man hier den über die Beträge gewichteten Durchschnitt der Zinstage. Einfachstes Rechenverfahren dafür ist die Summation der Zinszahlen dividiert durch 1 % des Kapitals:

$$\text{Mittlere Verfallszeit} = \frac{\text{Summe der Zinszahlen}}{1\,\%\text{ des Kapitals}}$$

Aufgabe

Ein Unternehmer reicht am 20.4. folgende Wechsel ein:
Wechsel über 6.200,– €, fällig am 25.4.
Wechsel über 4.700,– €, fällig am 11.5.
Wechsel über 3.800,– €, fällig am 26.5.
Wann wird die Gesamtsumme auf dem Konto gutgeschrieben?

Lösung

Betrag	fällig	Tage	Zinszahl
6.200,– €	25.4.	–	–
4.700,– €	11.5.	16	752
3.800,– €	26.5.	31	1.178
14.700,– €			1.930

mittlere Verfallzeit = 1.930 : 147 = 14 Tage
Mittlerer Verfalltag = 25.4. (Stichtag) + 14 Tage = 9.5.

Berechnen des Restzahlungstermins

In der Praxis sind viele Fälle denkbar, bei denen der Restzahlungstermin errechnet werden muss.

Beispiele

Eine Schuld ist an einem bestimmten Tag fällig. Der Schuldner zahlt jedoch mehrere Teilbeträge vor Fälligkeit und es muss festgestellt werden, wann der Rest zu bezahlen ist, sodass sich weder für Schuldner noch für Gläubiger ein Vorteil oder Nachteil ergibt. Oder ein Händler hat mehrere offene Rechnungen von einem Lieferanten vorliegen und zum Rechnungsausgleich bereits Beträge überwiesen. Hier stellt sich ebenfalls die Frage, zu welchem Termin die Restschuld auszugleichen ist.

Aufgabe

Einem Händler liegen von einem Lieferanten Rechnungen mit folgenden Beträgen und Fälligkeiten vor:
2.100,– € / 7.4., 1.600,– € / 25.4., 4.800,– € /30. 5.
Der Händler hat am 15. 4. schon 1.000,– € und am 18. 4 dann 700,– € überwiesen. Zu welchem Termin ist die Restschuld auszugleichen (mittlerer Verfalltag)?

Lösung

Man stellt die offenen Rechnungen und die bereits erfolgten Zahlungen gegenüber (bitte umblättern). Anschließend ermittelt man die Tage und die Zinszahlen. Der Stichtag ist wieder der erste Fälligkeitstag, ganz egal auf welcher Seite. Die Summe der Beträge und die Summe der Zinszahlen auf der größeren Seite werden gebildet und auf die schwächere Seite übertragen. Man bildet den Saldo der Zinszahlen und der Beträge, indem man die zum „Bilanzausgleich" notwendigen Werte als Differenz ermittelt. Daraus errechnet man die Tage. Aus der Tabelle auf der folgenden Druckseite ist zu entnehmen, dass noch 6.800 € zu zahlen sind und die Summe der Zinszahlen für diesen Betrag 2.675 lautet. Daraus ergibt sich:
mittlere Verfallzeit = 2.675 : 68 = 39,34 Tage
Der Zahlungspflichtige rundet auf 40 Tage und ermittelt 7.4. Stichtag + 40 Tage = 17. 5. als Zahlungstag für den Rest.

Gegenüberstellung der offenen Beträge und der erfolgten Zahlungen

Der Händler schuldet				Der Händler hat bezahlt			
Betrag	Datum	Tage	#	Betrag	Datum	Tage	#
2.100	7.4.			1.000	15.4.		
1.600	25.4.			700	18.4.		
4.800	30.5.						

Ermittlung der Tage und der Zinszahlen

Der Händler schuldet				Der Händler hat bezahlt			
Betrag	Datum	Tage	#	Betrag	Datum	Tage	#
2.100	7.4.	–	–	1.000	15.4.	8	80
1.600	25.4.	18	288	700	18.4..	11	77
4.800	30.5.	53	2.544				

Bildung der Summe auf der größeren Seite und Übertrag auf die schwächere Seite

Der Händler schuldet				Der Händler hat bezahlt			
Betrag	Datum	Tage	#	Betrag	Datum	Tage	#
2.100	7.4.			1.000	15.4.		80
1.600	25.4.	18	288	700	18.4..		77
4.800	30.5.	53	2.544				
8.500			2.832	8.500			2.832

Bildung der Salden zur Errechnung der Tage

Der Händler schuldet				Der Händler hat bezahlt			
Betrag	Datum	Tage	#	Betrag	Datum	Tage	#
2.100	7.4.			1.000	15.4.		80
1.600	25.4.	18	288	700	18.4..		77
4.800	30.5.	53	2.544	6.800			2.675
8.500			2.832	8.500			2.832

Der blaue Saldo wird als Differenz ermittelt und für die Berechnung der Tage herangezogen.

5.3 Kontokorrentrechnen

Kontokorrentrechnung verrechnet die Zinsen, die sich im Laufe eines Jahres durch die wechselnden Soll- und Habensalden (Schulden bzw. Guthaben) auf Geschäftskonten bei Banken oder auf Personenkonten von Geschäftspartnern ergeben.

Man stellt eine Zinsstaffel zur Ermittlung der jeweiligen Salden und Zinsen auf. Die Tage werden von Wertstellung zu Wertstellung gerechnet.

Je Geschäftsbedingungen kommen hinzu

- Umsatzprovisionen (Entgelt Kontokorrentführung), Kreditprovisionen (für zugesagte, aber nicht in Anspruch genommene Kredite),
- Überziehungsprovision (bei Überziehen des vereinbarten Kreditrahmens) und
- Gebühren.

Gleich bleibender Zinssatz

Im einfachen Fall ändert sich der Zinssatz im Abrechnungszeitraum nicht, wobei aber Soll- und Habenzinsen unterschiedlich sein können (bei Ermittlung der Zinszahlen beachten!).

Aufgabe

Zum 31.12. ist folgendes Personenkonto mit 6% Zinsen abzurechnen.

30. 6.	Eingangsrechnung	7.000,– €
15.8.	Ausgangsrechnung	3.700,– €
26.9.	Eingangsrechnung	4.500,– €
13.11.	Ausgangsrechnung	6.000,– €
1.12.	Ausgangsrechnung	6.800,– €
9.12.	Eingangsrechnung	3.200,– €

Lösung

Man ordnet die Beträge der Fälligkeit nach und berechnet die Tage von Saldo zu Saldo.

Datum	Soll/ Haben	Betrag in €	Tage	Zinszahl Soll	Zinszahl Haben
30. 6.	Haben	7.000	45		3.150
15.8.	Soll	3.700			
	Haben	3.300	41		1.353
26.9.	Haben	4.500			
	Haben	7.800	47		3.666
13.11.	Soll	6.000			
	Haben	1.800	18		324
1.12.	Soll	6.800			
	Soll	5.000	8	400	
9.12.	Haben	3.200			
	Soll	1.800	21	378	
31.12.	Soll	1.800			
			180	778	8.493
					–778
					7.715

Zinsteiler = 360 : Zinssatz, also 360 : 6 = 60
Tageszinsen = Zinszahl : Zinsteiler, also 7.715 : 60 = 128,58 €
Die Habenzinsen belaufen sich auf 128,58 € und vermindern die Belastung von 1.800,– € am 31.12. im Soll.

31.12.	Soll	1800,00	
Zinsen	Haben	128,58	
	=	1.671,42	Belastung am 31.12.

Änderung des Zinssatzes im Abrechnungszeitraum

Man zerlegt das Jahr in die Phasen mit gleich bleibenden Zinssätzen und rechnet dafür die Zwischensummen der Zinszahlen aus. Dann errechnet man für jeden der Zeiträume mit den jeweils gültigen Zinssätzen die Zinsbeträge und fasst diese Teilsummen am Ende zusammen. Je größer die Anzahl verschiedener Zinssätze im Jahr, desto mühsamer ist diese Rechnung. In der Praxis führt sie fast nur noch der Computer aus.

5.4 Devisenrechnen

Grundbegriffe

- Devisen sind Schecks, Wechsel und Zahlungsanweisungen (Auszahlungen) in ausländischer Währung und im Ausland fällig.
- Als Sorten bezeichnet man Banknoten und Münzen in ausländischer Währung.
- Banken kaufen Devisen zum (niedrigeren) Geldkurs und verkaufen sie zum (höheren) Briefkurs. Ferner fallen meist Spesen an.

Die beiden Grundaufgaben

a) Bettina kauft für 500 US-$ Reiseschecks. Der Briefkurs beträgt 1,5208. Die Bank verlangt 1,2 % Provision. Welchen Betrag in Euro muss sie bezahlen?

b) Ein amerikanischer Besucher löst bei einer deutschen Bank Reiseschecks in Höhe von 800 US-$ ein. Der Geldkurs beträgt 1,5010. Die Bank verlangt 0,8 % Provision und Gebühren von 2,50 €. Welchen Betrag in € erhält er?

Lösung

Man kann mit dem Dreisatz oder dem Kettensatz rechnen (vgl. Abschnitte 2.1 und 2.2). Der Kettensatz bietet – da kürzer und mechanisch anwendbar – die einfachere Lösung:

a)	b)
x € entsprechen 500 US-$	x € entsprechen 800 US-$
1,5208 US-$ entsprechen 1 €	1,5010 US-$ entsprechen 1 €
x = 328,77 €	x = 532,98 €

Die Bank rechnet ab:

500 US-$ entsp.	328,77 €	800 US-$ entspr.	532,98 €
+ 1,2 % Provision	3,95 €	– 0,8 % Provision	4,26 €
zu zahlen	332,72 €	– Gebühren	2,50 €
		Auszahlungsbetrag	526,22 €

Grundlegendes zur Zahlungsabwicklung im Außenhandelsgeschäft

Import nach Deutschland

- Bei der Abrechnung von Zahlungsanweisungen erhält die Bank vom Importeur den Auftrag, die Zahlung an den ausländischen Geschäftspartner zu tätigen. Die Bank nimmt die Devisen aus ihrem Bestand und belastet den Importeur in Euro.

Export aus Deutschland

- Bei Exportgeschäften erhält der deutsche Händler Devisen von seinem Geschäftspartner aus dem Ausland, verkauft diese an seine Bank und erhält den Betrag in Euro gutgeschrieben.

Die Bank wird sowohl bei den Vorgängen beim Import als auch beim Export Spesen verlangen. Dies können Provisionen, Gebühren für Auslagen oder Maklergebühren sein. Spesen erhöhen die Lastschrift und verringern die Gutschrift.

Gegenwert zuzügl. Kosten
= Importkosten

- Bei der Abrechnung von Schecks und Wechseln zahlt der deutsche Händler mit einem Scheck oder nimmt einen Wechsel vom ausländischen Geschäftspartner an, den dieser auf ihn zieht.
- Der deutsche Händler kann auch Schecks und Wechsel in ausländischer Währung kaufen und damit seinen Geschäftspartner im Ausland bezahlen.
- Sein Konto wird mit dem Euro-Betrag der Devisen belastet zuzüglich Spesen. Die Bank rechnet zum Briefkurs um.

Gegenwert abzügl. Kosten
= Exporterlös

- Beim Export erhält der deutsche Händler einen Scheck in Euro vom ausländischen Geschäftspartner oder zieht auf diesen einen Wechsel. Es kann auch so abgewickelt werden, dass der deutsche Händler vom ausländischen Importeur einen Wechsel oder Scheck in ausländischer Währung erhält. Dem deutschen Händler werden die Devisen umgerechnet in Euro und abzüglich der Spesen gutgeschrieben. Die Bank rechnet zum Geldkurs um.

5.5 Effektenrechnen

Zu Effekten als börsenmäßig gehandelte Wertpapiere zählen

- festverzinsliche Wertpapiere wie Pfandbriefe, Obligationen oder Anleihen und
- Dividendenpapiere (schwankender Ertrag) wie Investmentzertifikate oder Aktien.

Grundbegriffe

- Der Nennwert ist der auf dem Wertpapier aufgedruckte Wert.
- Der Kurs ist der Preis, für den ein Wertpapier an der Börse notiert wird (in Euro oder als Prozentkurs).
- Der Kurswert ist der Preis, den man für eine bestimmte Anzahl Wertpapiere (ohne die Kaufkosten) zahlen muss.

Basisberechnungen

Wie hoch ist der Kurswert für vier Aktien zu 39,60 Kurswert je Stück?	Lösung Kurswert = Stückzahl mal Kurs = 4 mal 39,60 = 158,40
Wie hoch ist der Kurswert eines Pfandbriefs mit Nennwert 800,– €, notiert zum Prozentkurs 95 ?	Lösung $\text{Kurswert} = \frac{\text{Nennwert mal Kurs}}{100}$ $= \frac{800 \cdot 95}{100} = 760\ €$
Wie hoch ist der Prozentkurs von Obligationen im Nennwert von 9.000,– €, wenn ihr Kurswert 8.300,– € beträgt?	Lösung $\text{Prozentkurs} = \frac{\text{Kurswert mal 100}}{\text{Nennwert}}$ $= \frac{8.300 \cdot 100}{9.000} = 92{,}22\ \%$
Wie hoch ist der Nennwert von Pfandbriefen, deren Kurs auf 93% steht, wenn ihr Kurswert 8.928,– € beträgt?	$\text{Nennwert} = \frac{\text{Kurswert} \cdot 100}{\text{Kurs}}$ $= \frac{8.928 \cdot 100}{93} = 9.600\ €$

An- und Verkauf von Wertpapieren

Der Kaufpreis setzt sich zusammen aus dem Kurswert und den Spesen.
Der Verkaufserlös ergibt sich aus dem Kurswert abzüglich der Spesen.

Aufgabe

Ein Kunde beauftragt seine Bank, 200 Aktien zu je 75,– € Kurswert zu kaufen. Die Bank berechnet 0,6 Promille Maklergebühren und 4,– € Spesen. Wie hoch ist der Kaufpreis?

Lösung

200 Aktien mal 75,– €	15.000,– €
+ 0,6 ‰	9,– €
+ Spesen	4,– €
Kaufpreis	15.013,– €

Aufgabe

Eine Bank soll im Auftrag eines Kunden 10 Pfandbriefe (5 %) mit Zinsschein verkaufen. Der Kurs ist 98. Die aufgelaufenen Zinstage sind 95. Der Nennwert pro Pfandbrief beläuft sich auf 100,– €. Die Bank verlangt 0,8 % Provision vom Nennwert und 5,– € Spesen. Es fallen Maklergebühren von einem Promille (vom Nennwert) an. Wie hoch sind die Verkaufserlöse?

Lösung

10 mal 100,– € = 1.000,– € Nennwert

5%-Pfandbriefe zu Kurs 98	980,– €	Kurswert
+ aufgelaufene Zinsen (5% von 1.000,– € auf 95 Tage)	13,19 €	
Kaufwert	993,19 €	
– 0,8 % Provision vom Nennwert	8,– €	
– Spesen	5,– €	
– 1 ‰ Maklergeb. v. Nennwert	1,– €	
= Verkaufserlös	979,19 €	

Verzinsungsmodalitäten festverzinslicher Wertpapiere

Die Zinsen werden in gleich bleibender Höhe bezahlt und die Stückzinsen vom Nennwert gerechnet.

Bei jährlicher Zahlung gibt man den Zahltag an, zum Beispiel 1. August. Es gibt auch Halbjahresabrechnung, und zwar Auszahlungstermine 1.1. und der 1. 7. (J/J), 1. 4. und 1. 10. (A/O) sowie 1. 6. und der 1. 12. (J/D).

Werden fest verzinsliche Wertpapiere verkauft, geht meist auch der Zinsscheinbogen auf den Käufer über. Die Zinsen müssen bei der Abrechnung zum Teil dem Käufer und zum Teil dem Verkäufer zugerechnet werden.

Die Zinsen bis einschließlich des Kalendertags vor der Valutierung erhält der Verkäufer, die Zinsen ab dem Tag der Valutierung der Käufer. Dabei kann

- der Verkäufer den laufenden Zinsschein behalten: Kurswert abzüglich Stückzinsanteil des Käufers oder
- der Käufer den laufenden Zinsschein erhalten: Kurswert zuzüglich Stückzinsanteil des Verkäufers.

Aufgabe

Eine 6%-Obligation zu 98 im Nennwert zu 2.000,– € wird verkauft. Die Zinsen werden halbjährlich ausgezahlt, am Verkaufstag sind 170 Zinstage aufgelaufen. Berechnen Sie den Kaufwert mit und ohne laufenden Zinsschein!
(Kaufwert = Kurswert +/- Zinsen für laufenden Zinsschein)

Lösung

Verkauf mit laufendem Zinsschein

2.000,– € zu 98	1.960,– €	Kurswert
+ 6% Zinsen f. 170 Tage v. Nennwert	56,67 €	
= Kaufwert	2.016,67 €	

Verkauf ohne laufenden Zinsschein

2.000,– € zu 98	1.960,– €	Kurswert
– 6% Zinsen f. 10 Tage v. Nennwert	3,33 €	
= Kaufwert	1.956,67 €	

Berechnung des Ertrags

Zur Feststellung der effektiven Verzinsung des Kapitals muss der Ertrag in Euro zum Kaufpreis des Wertpapiers ins Verhältnis gesetzt werden. Liegen die Kurswerte über dem Nennwert (Kurs über 100 %), heißt das für den Käufer, dass er bei einem höheren Kapitaleinsatz eine niedrigere tatsächliche Verzinsung erhält. Dies gilt selbstverständlich auch umgekehrt.

Grundformel

$$\text{effektive Verzinsung} = \frac{\text{Zinsen bzw. Dividende} \cdot 100}{\text{Kaufpreis}}$$

Aufgabe

Ein Aktionär erhält für das vergangene Geschäftsjahr 12,– € Dividende. Er kaufte die Aktien für 380,– €. Wie hoch ist die effektive Verzinsung?

Lösung

x % entsprechen 12,– €
380,– € entsprechen 100%

$$x = \frac{12 \cdot 100}{380} = 3{,}16\ \%$$

Aufgabe

Wie hoch ist die effektive Verzinsung einer 5%-Anleihe bei einem Kaufkurs von 98 %? Der Nennwert beträgt 1.000,– €. Die Kosten betragen 1% Provision und 1 ‰ Maklergebühr.

Lösung

50,– € Zinsen

1.000,– € Nennwert bei 98%	980,– €	Kurswert
+ 1 % Provision vom Nennwert	10,– €	
+ 1 ‰ Maklergebühr v. Nennwert	1,– €	
= Kaufpreis	991,– €	

x % entsprechen 50,– €
991,– € entsprechen 100%

$$x = \frac{50 \cdot 100}{991} = 5{,}045\ \%$$

Aufgabe

Ein Aktionär hat 50 Aktien zum Stückpreis von 30,– € gekauft. Nach einem halben Jahr sind die Prognosen so schlecht, dass er die Aktien für 25,– € das Stück wieder verkauft (Provison jeweils 2 %). Wie hoch ist der Verlust in Prozent pro ein Jahr?

Lösung

Ankauf

50 Aktien zu 30	1.500 €
+ 2 % Provision	30 €
= Kaufwert	1.530 €

Verkauf

50 Aktien zu 25	1.250 €
– 2 % Provision	25 €
Verkaufswert	1.225€

Verlustberechnung

Kaufwert	1.530,– €
– Verkaufswert	1.225,– €
= Kursverlust	305,– €

Auf ein ganzes Jahr gesehen muss der Kursverlust des halben Jahres verdoppelt werden, also 305,– € im Halbjahr mal 2 = 610,– € im Jahr.

$$p = \frac{\text{Jahresverlust} \cdot 100}{\text{Kaufwert}} = \frac{610 \cdot 100}{1.530} = 39{,}87\ \%$$

Diese Geldanlage war nicht rentabel…

Bezugsrecht von Aktien

Erhöht eine Aktiengesellschaft ihr Grundkapital durch die Ausgabe junger Aktien, wird die Erhöhung durch das Verhältnis vom alten zum zusätzlichen Grundkapital ausgedrückt.

Dieses Verhältnis wird Bezugsverhältnis genannt.

Beträgt das bisherige Grundkapital 600.000,– € und die Kapitalerhöhung 200.000,– €, ergibt sich ein Bezugsverhältnis von 3 zu 1. Ein Aktionär mit 3 alten Aktien kann 1 junge Aktie erwerben. Den bisherigen Aktionären werden die jungen Aktien zum Kauf angeboten. Sie haben ein Bezugsrecht, das sie auch verkaufen können. Der Kurs der neuen/jungen Aktien ist niedriger als der Kurs der alten Aktien. Nach der Kapitalerhöhung liegt der Kurswert der Aktien zwischen dem bisherigen Kurswert und dem Ausgabekurswert der jungen Aktien. Der Wertverlust einer alten Aktie entspricht dem Wert eines Bezugsrechts.

Aufgabe

Aufgrund folgender Angaben sollen das Bezugsverhältnis, der Durchschnittskurswert und der Wert des Bezugsrechts berechnet werden:

Kurswert der alten Aktien	240 €
bisheriges Grundkapital	15.000.000 €
Kurswert der neuen Aktien	150 €
neues Grundkapital	25.000.000 €
Nennwert der Aktien	50 €

Lösung

Bezugsverhältnis
= bisheriges Grundkapital : zusätzliches Grundkapital
= 15.000.000 € : 10.000.000 € = 3 : 2

Berechnung des Durchschnittskurswertes

3 alte Aktien zu je 240,– € Kurswert	720,– €
zwei neue Aktien zu je 150,– € Kurswert	300,– €
Kurswert insgesamt von fünf Aktien	1.020,– €
Durchschnittskurswert 1.020,– € : 5	204,–€

Wert des Bezugsrechts

Kurswert einer alten Aktie vor Kapitalerhöhung	240,– €
Kurswert einer Aktie nach Kapitalerhöhung	204,– €
Wert des Bezugsrechts einer alten Aktie	36,– €

oder die Berechnung mit Formel:

$$\text{Wert des Bezugsrechts} = \frac{240 - 150}{\frac{3}{2} + 1} = 36\ €$$

6 Kalkulation

Kostenermittlung und Preisberechnung

Kalkulation ist ein umfassendes Teilgebiet, zu dem hier nur Grundlagen dargestellt werden können. Zur Vertiefung wird auf entsprechende Lehrbücher verwiesen (z.B. J. Härtl, Kalkulation und Kostenrechnung, Cornelsen Verlag 2002).

6.1 Handelskalkulation

Die Handelskalkulation stellt die Berechnung dar, die vom Listeneinkaufspreis einer Ware zum Listenverkaufspreis führt. Sie berücksichtigt folgende Aspekte:

- Sowohl beim Einkauf als auch beim Verkauf müssen in den meisten Fällen Rabatt und Skonto berücksichtigt werden. (Beachten Sie: Als Händler rechnen Sie den später ggf. einzuräumenden Rabatt vorab in die Kalkulation des Listenpreises ein).
- Handlungsgemeinkosten und Gewinn müssen durch den Verkaufspreis abgedeckt werden.

Kann der Händler den Listenverkaufspreis nicht selbst festsetzen, weil er z.B. vom Markt bestimmt wird, dient die Kalkulation dem Zweck, zu überprüfen, mit welchem Gewinn oder ob nicht unter den eigenen Selbstkosten verkauft wird.

> Handlungsgemeinkosten, auch allgemeine Geschäftskosten genannt, entstehen durch den Ein- und Verkauf der Waren, die Lagerung und die Verwaltung.

Sie können nicht direkt auf einzelne Produkte zugerechnet werden, sondern fallen für alle Waren gemeinsam an.
Das komplette Schema der Handelskalkulation besteht aus der

- Bezugskalkulation/Einkaufskalkulation und der
- Angebotskalkulation/Verkaufskalkulation.

Es ist auf der folgenden Seite abgedruckt.

Komplettes Kalkulationsschema

Listenpreis – Rabatt = Zieleinkaufspreis – Liefererskonto = Bareinkaufspreis + Einkaufskosten + Bezugskosten = Wareneinsatz/Bezugspreis	Einkaufs-/ Bezugs- kalkulation
+ Handlungsgemeinkosten = Selbstkosten + Gewinn = Barverkaufspreis + Verkaufskosten + Kundenskonto = Zielverkaufspreis + Rabatt = Listenverkaufspreis	Verkaufs-/ Angebots- kalkulation

Ermittlung der Selbstkosten

Selbstkostenermittlung betrifft den 1. Abschnitt der Verkaufs- bzw. Angebotskalkulation von Wareneinsatz bis Selbstkosten.

Die Selbstkosten ergeben sich aus der Summe von Bezugspreis und Handlungsgemeinkosten.

Handlungsgemeinkosten (wie Miete, Steuern, Werbungskosten, Abschreibungen, Personalkosten) werden als Prozentsatz des Bezugspreises (= 100 %) ausgedrückt. Der verwendete Zuschlagssatz muss regelmäßig überprüft werden, da sich Kosten ändern können (Überwachung der Kostendeckung).

Bezugspreis/Wareneinsatz
+ x % Handlungsgemeinkosten
Selbstkosten

(Der Wareneinsatz ist der Bezugspreis d. verkauften Ware/der Umsatz zu Einstandspreisen)

$$\text{Geschäftskosten in \%} = \frac{\text{Handlungsgemeinkosten} \cdot 100}{\text{Wareneinsatz}}$$

Aufgabe

Eine Großhandlung für Bärenfanartikel kauft 300 Stück Honigtöpfe zum Listeneinkaufspreis von 5,–. € Es werden 10% Mengenrabatt und 3% Skonto gewährt. Die Bezugskosten betragen 200,– €. Es wird mit einem Zuschlagssatz für die Handlungsgemeinkosten von 15% gerechnet. Wie hoch sind die Selbstkosten für die Lieferung und für einen Honigtopf?

Lösung (zur Vereinfachung ohne Währungsangabe)

Listeneinkaufspreis 300 Stück mal 5,–	1.500,–
– 10 % Mengenrabatt	150,–
Zieleinkaufspreis	1.350,–
– 3 % Skonto	40,50
Bareinkaufspreis	1.309,50
+ Bezugskosten	200,–
Bezugspreis/Wareneinsatz	1.509,50
+ 15 % Handlungsgemeinkosten	226,43
Selbstkosten für 300 Stück	1.735,93
Selbstkosten für ein Stück	5,79

Aufgabe

Der Wareneinsatz in der Großhandlung für Bärenfanartikel beträgt 320.000,– €. Die Handlungsgemeinkosten belaufen sich auf 38.400,– €. Wie hoch ist der Handlungsgemeinkostensatz/Geschäftskostensatz?

Lösung mit Einsetzen in Formel: $\frac{38.400 \cdot 100}{320.000} = 12\ \%$

Die Lösung mit Kettensatz
x % entsprechen 38.400 €
320.000 € entsprechen 100%
führt auf den identischen Bruchstrich

Vorwärtskalkulation

Die Vorwärtskalkulation betrifft den 2. Abschnitt der Verkaufskalkulation von Selbstkosten bis Listenverkaufspreis.

In der Vorwärtskalkulation wird der Angebotspreis ermittelt.

Nicht alle der im Kalkulationsschema ausgewiesenen Positionen treten immer auf, wir rechnen nachfolgend aber zwei Aufgaben, die zusammen das komplette Schema ergeben.

Aufgabe

Die Selbstkosten für Winterbrillen betragen in einer Großhandlung pro Stück 3,50 €. Kalkuliert wird mit 8 % Gewinn, 2 % Verkaufskonto und 15 % Mengenrabatt. Wie hoch ist der Angebotspreis für eine Winterbrille?

Lösung

Selbstkosten	3,50	100 %		
+8% Gewinn	0,28	8 %		
Barverkaufspreis	3,78	108%	98%	
+2% Verkaufskonto	0,08		2 %	
Zielverkaufspreis	3,86		100 %	85 %
+15% Mengenrabatt	0,68			15 %
Listenverkaufspreis	4,54			100 %

Praxistipps: Da Kundenskonto vom Zielverkaufspreis gerechnet wird, ist der Barverkaufspreis immer der um den Skontobetrag verminderte Wert (hier 98 %).
Da Kundenrabatt vom Listenverkaufspreis gerechnet wird, ist der Zielverkaufspreis immer der um den Rabattbetrag verminderte Wert (hier 85 %).

Wird mit Vertretern gearbeitet, muss deren Provision einkalkuliert werden. Sie zählt zu den Sondereinzelkosten des Vertriebs, wird vom Zielverkaufspreis berechnet und gemeinsam mit dem Skonto vom Zielverkaufspreis ermittelt.

Das Schema sieht dann so aus:

Barverkaufspreis	
+ Skonto	
+ Vertreterprovision	
Zielverkaufspreis	
+ Rabatt	
Listenverkaufspreis	

Aufgabe

Der Barverkaufspreis für ein technisches Suchgerät beträgt 50,– €. Kalkuliert werden 12% Vertreterprovision, 3% Skonto und 10% Rabatt. Wie hoch ist der Listenverkaufspreis?

Lösung

Barverkaufspreis	50,00	85%	
+ 3 % Skonto	1,76	3 %	
+ 12 % Vertreterprov.	7,06	12 %	
Zielverkaufspreis	58,82	100 %	90 %
+ 10 % Rabatt	6,54		10 %
Listenverkaufspreis	65,36		100 %

Als weitere Kostenarten sind in vielen Fällen noch Transport- und Verpackungskosten zu berücksichtigen.

Praxistipp: Rechnen Sie Transport- und Verpackungskosten in die Handlungsgemeinkosten ein oder kalkulieren Sie sie als Sondereinzelkosten des Vertriebs.
Im letzteren Fall werden sie zum Angebotspreis addiert.

Manchmal fällt auch noch eine Einkaufsprovision an, die meist vom Zieleinkaufspreis berechnet wird.

In der Zusammenfügung der Lösungsschemata der beiden Aufgaben dieser Doppelseite und der noch erwähnten Kostenarten ergibt sich das komplette Schema von S. 108.

Kalkulationzuschlag und Kalkulationsfaktor

Da die Zuschläge für Gewinn, Vertreterprovision, Handlungsgemeinkosten, Rabatt und Skonto sich in der Regel nicht häufig ändern, kann die Berechnung des Angebotspreises vereinfacht werden, indem man die einzelnen Zuschläge zu einem einzigen Zuschlag zusammenfasst.

Der Kalkulationszuschlag fasst mehrere Zuschläge zu einem festen Faktor zusammen. Er wird als Prozentsatz ausgedrückt, der „aufgeschlagen" wird.

$$\text{Kalkulationszuschlag} = \frac{(\text{Verkaufspreis} - \text{Bezugspreis}) \cdot 100}{\text{Bezugspreis}}$$

Bezugspreis + Kalkulationszuschlag = Angebotspreis

Man kann die Spanne zwischen Bezugs- und Verkaufspreis aber auch als Faktor ausdrücken.

Im Kalkulationsfaktor sind mehrere Zuschläge zusammengefasst. Er wird als Zahlenfaktor angegeben, mit dem der Bezugspreis multipliziert wird.

$$\text{Kalkulationsfaktor} = \frac{\text{Verkaufspreis}}{\text{Bezugspreis}}$$

Angebotspreis = Bezugspreis · Kalkulationsfaktor

Aufgabe

a) Wie hoch ist der Kalkulationzuschlag bei einem Bezugspreis von 160,– € und einem Listenverkaufspreis von 260,– €?

b) Wie hoch ist der Kalkulationsfaktor?

Lösung

$$\frac{(260 - 160) \cdot 100}{260} = 62{,}5\ \%$$

Gegenrechnung

160,– € + 62,5 % = ?

Rückwärtskalkulation

Die Rückwärtskalkulation wird eingesetzt um zu ermitteln, ob ein Geschäft (noch) lohnt.

> Mit der Rückwärtskalkulation kann der Bezugs- bzw. Einkaufspreis ermittelt werden, wenn der Verkaufspreis (durch den Markt bzw. die Konkurrenz) vorgegeben ist.

Aufgabe

Der Hersteller des nach geheimem Rezept hergestellten Limonadengrundstoffs „Bärensirup" gibt pro Hektoliter einen empfohlenen Listenverkaufspreis von 250,– € an. Zu welchem Listeneinkaufspreis kann eine Getränkegroßhandlung einen Hektoliter höchstens einkaufen, wenn sie mit folgenden Sätzen kalkulieren muss:
10 % Einkaufsrabatt, 5 % Bezugskosten, 15 % Handlungsgemeinkosten, 10 % Gewinn und 3 % Kundenskonto?

Lösung

Man rechnet rückwärts vom Listenverkaufspreis zum Listeneinkaufspreis. Es ist jedoch empfehlenswert, zunächst das Rechenschema wie üblich aufzustellen, sich in jeder Zeile über den Grundwert im Klaren zu werden und den blauen Teil zuerst einzutragen. Danach füllt man die Spalte der Beträge von unten nach oben.

Listeneinkaufspreis	202,86	100%				
– 10 % Einkaufsrabatt	20,29	10 %				
Ziel /Bareinkaufspreis	182,57	90 %	100 %			
+ 5 % Bezugskosten	9,13		5 %			
Bezugspreis/Wareneinsatz	191,70		105%	100%		
+ 15 % Gemeinkosten	28,75			15 %		
Selbstkosten	220,45			115 %	100 %	
+ 10 % Gewinn	22,05				10%	
Barverkaufspreis	242,50				110%	97%
+ 3 % Kundenskonto	7,50					3 %
Listenverkaufspreis	250,– €					100%

Handelsspanne

Die Handelsspanne ist die Differenz zwischen dem Angebotspreis und dem Bezugspreis.

Sie wird in Prozent des Angebotspreises ausgedrückt. Der Angebotspreis entspricht dabei 100%.

$$\text{Handelsspanne} = \frac{(\text{Angebotspreis} - \text{Bezugspreis}) \cdot 100}{\text{Angebotspreis}}$$

Bezugspreis = Angebotspreis – Handelsspanne

Hinweis: In Euro ergibt die Handelsspanne den gleichen Betrag wie der Kalkulationszuschlag, sie wird jedoch auf den anderen Grundwert bezogen.

Rechnerisch ergibt sich auch aus dem Verhältnis von Kalkulationszuschlag zu Kalkulationsfaktor:

$$\text{Handelsspanne} = \frac{\text{Kalkulationszuschlag}}{\text{Kalkulationsfaktor}}$$

Mit der Handelsspanne kann man feststellen, ob man bei gegebenem Angebots- und Bezugspreis mit den Zuschlagsätzen zurechtkommt. Dies vereinfacht die Rückwärtskalkulation.

Aufgabe

Wie hoch ist die Handelsspanne bei einem Bezugspreis von 120,– € und einem Listenverkaufspreis von 210,– €?

Lösung

$$\text{Handelsspanne} = \frac{210 - 120}{210} \cdot 100\ (\%)$$

$$= \frac{90 \cdot 100}{210} \approx 42{,}8571\ \%$$

Probe

Bezugspreis $= 210\ € - 42{,}8571\ \%$ von $210\ €$

$= 210\ € - 89{,}999 \approx 120,–\ €$

Differenzkalkulation/Gewinnkalkulation

Einkaufspreis und Verkaufspreis sind durch den Markt bzw. die Konkurrenz gegeben.

Durch die Differenzkalkulation errechnet man Gewinn bzw. Verlust unter Berücksichtigung anfallender Kosten.

Auch hier rechnet der Händler aus, ob er ein Geschäft eingehen soll oder nicht. Der Gewinn bzw. Verlust ist die Differenz zwischen dem Barverkaufspreis und den Selbstkosten.

Aufgabe

Der Listenverkaufspreis eines Produkts liegt bei 40,– €, der Listeneinkaufspreis bei 18,– €. Wie hoch ist der Gewinn/Verlust in Euro und Prozent bei 5% Einkaufsrabatt, 15% Handlungsgemeinkosten, 3% Verkaufsskonto, 35% Verkaufsrabatt?

Lösung

Man rechnet vom Listeneinkaufspreis zu den Selbstkosten und vom Listenverkaufspreis zum Barverkaufspreis:

Listeneinkaufspreis	18,–	100 %	
– 5% Einkaufsrabatt	0,90	5%	
Bezugspreis	17,10	95%	100%
+ 15% Gemeinkosten	2,57		15%
Selbstkosten	19,67		115%
Gewinn	5,55		
Barverkaufspreis	25,22		97 %
+ 3% Verkaufsskonto	0,78		3 %
Zielverkaufspreis	26,– €	65 %	100 %
+ 35% Verkaufsrabatt	14,– €	35 %	
Listenverkaufspreis	40,–	100%	

Daraus:

$$\text{Gewinnzuschlag} = \frac{\text{Gewinn} \cdot 100}{\text{Selbstkosten}} = \frac{5{,}55 \cdot 100}{19{,}67} = 28{,}22\%$$

Wer möchte, kann durch die Gegenrechnung kontrollieren.

Nachkalkulation

In der Nachkalkulation stellt man den Gesamterfolg bzw. den Erfolg der einzelnen Produktgruppen fest.

Man vergleicht die kalkulierten Werte (Soll) mit den tatsächlichen Werten (Ist) bei den Kosten, den Verkaufserlösen und den Gewinnen.

In der Gesamtkalkulation ermittelt man aus Wareneinsatz, Gemeinkosten und Verkaufserlösen den Jahreserfolg:

Wareneinsatz
+ Gemeinkosten/Geschäftskosten
Gesamtkosten

Verkaufserlöse
– Gesamtkosten
Jahreserfolg (Gewinn oder Verlust)

Die Betrachtung kann natürlich auch nach Produktgruppen getrennt erfolgen (Aufstellung in einer Tabelle).
Dann werden Vor- und Nachkalkulation für die Kosten, Erlöse und Gewinn verglichen:

kalkulierte Geschäftskosten (Soll)
tatsächliche Geschäftskosten (Ist)
positive/negative Abweichung

kalkulierte Verkaufserlöse (Soll)
tatsächliche Verkaufserlöse (Ist)
positive oder negative Abweichung

kalkulierter Gewinn (Soll)
tatsächlicher Gewinn (Ist)
positive /negative Abweichung

Aufgabe

Eine Großhandlung hat im letzten Jahr mit einem Handlungskostenzuschlag von 12% kalkuliert. Bei der Nachkalkulation wurde ein Wareneinsatz von 300.000,– € errechnet und tatsächliche Geschäftskosten von 39.000,– €. Welcher Zuschlagssatz wäre für eine volle Kostendeckung nötig gewesen?

Lösung

x % entspr. 39.000,– €
300.000,– € entspr. 100%

$$x = \frac{39.000 \cdot 100}{300.000} = 13\,\%$$

6.2 Industriekalkulation

Entscheidender Unterschied zur Handelskalkulation ist, dass nicht nur Produkte eingekauft und ohne Veränderungen wieder verkauft werden, sondern dass Fertigung stattfindet. Man unterscheidet dabei

- Einzelkosten, die dem Produkt direkt zugerechnet werden können (z. B. Fertigungsmaterial, Fertigungslöhne und Sondereinzelkosten der Fertigung bzw. des Vertriebs) und
- Gemeinkosten, die sich nicht unmittelbar dem Produkt zurechnen lassen (z. B. Abschreibungen, Hilfsstoffe, betriebliche Steuern).

Unterscheidung der Kalkulationsarten

1. Nach Zweck:
   Ebenso wie im Handel wird
   - eine Vorkalkulation zur Erstellung von Angeboten durchgeführt und
   - eine Nachkalkulation, um die tatsächlichen Kosten den geplanten Kosten gegenüberstellen zu können.

2. Nach Fertigungsverfahren:
   Davon hängt die in einem Betrieb gewählte Kalkulationsmethode (das Kalkulationsschema) ab.
   - Massenfertigung: einfache Divisionskalkulation (Kosten geteilt durch Produktionsmenge),
   - Massenfertigung über mehrere Stufen: mehrstufige Divisionskalkulation (unterscheidet Produktions- und Absatzmenge),
   - Sorten- und Serienfertigung: häufig Divisionskalkulation mit Äquivalenzziffern (bildet gewichtete Kostenfaktoren ab) und
   - Einzelfertigung: Zuschlagskalkulation.

Divisionskalkulation

In Unternehmen mit Massenfertigung ist in einigen Fällen die Differenzierung der Kosten nicht notwendig. Es gibt weder Kostenstellen noch werden die Kosten in Einzel- und Gemeinkosten aufgeteilt. Hier ist die einstufige Divisionskalkulation geeignet. Sie kann wie folgt erweitert werden:

> Die zweistufige Divisionskalkulation berücksichtigt Lagerbestandsveränderungen an Fertigerzeugnissen.

Das bedeutet, dass ein Unternehmen in einem bestimmten Zeitraum mehr Produkte herstellt als es verkauft oder umgekehrt. Daraus ergeben sich im Lager Mehrbestände oder Minderbestände. Die mehrstufige Divisionskalkulation berücksichtigt zusätzlich zu den Lagerbestandsveränderungen an Fertigerzeugnissen noch Lagerbestandsveränderungen an unfertigen Produkten.

Grundformel der einstufigen Divisionskalkulation

$$\text{Selbstkosten pro Stück} = \frac{\text{Gesamtkosten pro Periode}}{\text{Produktionsmenge pro Periode}}$$

Zur Überwachung der Entwicklung von einzelnen Kostenarten können auch die Stückkosten einzelner Kostengruppen ermittelt werden.

Mehrstufige Divisionskalkulation

Bei der zweistufigen Divisionskalkulation teilt man die Kosten auf in Herstell-, Verwaltungs- und Vertriebskosten.

> Die Herstellkosten beziehen sich auf die produzierte Menge, die Verwaltungs- und Vertriebskosten auf die abgesetzte Menge.

(Die Herstellkosten sind unabhängig davon angefallen, ob die Menge verkauft wurde – Verwaltungs- und Vertriebskosten entstehen durch die abgesetzte Menge und müssen auch durch die Erlöse der abgesetzen Menge gedeckt werden.)

Aufgabe

Im letzten Monat wurden 3.000 Bärenanstecker produziert. Die Herstellkosten betragen 5.400,– €. Von den 3.000 Stück wurden 2.800 verkauft. Es ergaben sich Verwaltungs- und Vertriebskosten in Höhe von 840,– €. Wie hoch sind die Selbstkosten pro Bärenanstecker?

Lösung

$$\text{Stückkosten} = \frac{\text{Herstellkosten}}{\text{Produktionsmenge}} + \frac{\text{Verw.- u. Vertr.kosten}}{\text{Absatzmenge}}$$

$$= \frac{5400\ €}{3000\ \text{Stück}} + \frac{840\ €}{2.800\ \text{Stück}} = 1{,}80\ € + 0{,}30\ € = 2{,}10\ €$$

Bei der mehrstufigen Divisionskalkulation, die bei mehreren Produktionsstufen eingesetzt wird, erfasst man die Herstellkosten der einzelnen Produktionsstufen und wieder die Verwaltungs- und Vertriebskosten der abgesetzten Menge.

Aufgabe

Eine Druckerei hat im letzten Monat 3.800 Broschüren gedruckt und 304,– € Druckkosten ermittelt. In der zweiten Stufe wurden 3.500 Stück mit Schmuckumschlag gebunden und dafür 315,– € Herstellkosten ermittelt. Es konnten 3.300 Stück verkauft werden mit Verwaltungs- und Vertriebskosten in Höhe von 132,– €. Wie hoch sind die Stückkosten/Selbstkosten für eine Broschüre?

Lösung

$$\text{Stückkosten} = \frac{\text{HK Stufe 1}}{\text{Stück Stufe 1}} + \frac{\text{HK Stufe 2}}{\text{Stück Stufe 2}} + \frac{\text{Verw.- u. Vertr.kosten}}{\text{Absatzmenge}}$$

$$\frac{304\ €}{3.800\ \text{Stück}} + \frac{315\ €}{3.500\ \text{Stück}} + \frac{132\ €}{3.300\ \text{Stück}}$$

$$= 0{,}08\ € + 0{,}09\ € + 0{,}04\ € = 0{,}21\ €/\text{St.}$$

Divisionskalkulation mit Äquivalenzziffern

Anwendung: Produkte mit weit übereinstimmenden Ausgangsstoffen bei unterschiedlichen Verarbeitungskosten. Die Äquivalenzziffern drücken die Kostenverhältnisse aus, z. B. Verhältnisse des Materialverbrauchs oder des Zeitbedarfs.

Beispiel

Betragen die Herstellungszeiten für drei Produkte pro Mengeneinheit 5 min., 10 min. und 12,5 min., so setzt man man die kleinste als 1 bzw. 100 an und berechnet daraus die übrigen:
5 min. : 10 min. : 12,5 min. = 100 % : 200 % : 250 % = 1 : 2 : 2,5

Aufgabe

Ein Winzer füllt von drei Sorten Wein folgende Mengen ab: F: 250.000 l, A: 170.000 l und S: 380.000 l. Seine Gesamtkosten betragen 175.000,– €. Wie hoch sind die Kosten je Sorte und je Liter bei Verwendung obiger Äquivalenzziffern (ÄZ)?

Lösung

Sorte	Menge in l	ÄZ	Rechnungseinheit (RE)	Kosten je Sorte	Kosten je l
F	250.000	1	250.000	28.400	0,11
A	170.000	2	340.000	38.624	0,23
S	380.000	2,5	950.000	107.920	0,28
			1.540.000	174.944	

175.000 € : 1.540.000 RE = 0,1136 € pro Rechnungseinheit

Vorgehensweise

1. Angegebene Mengen mit den Äquivalenzziffern multiplizieren, dies ergibt Rechnungseinheiten, diese addieren.
2. Nebenrechnung: Gesamtkosten durch die Summe der RE dividieren. (Je mehr Stellen man hinter dem Komma verwendet, desto kleiner werden Rundungsfehler).
3. Multiplikation der Rechnungseinheiten mit dem Preis pro Rechnungseinheit ergibt die Kosten pro Sorte.
4. Division der Kosten pro Sorte durch die Menge (hier Liter), ergibt die Stückkosten bzw. die Kosten je Einheit.

Zuschlagskalkulation

Die Zuschlagskalkulation findet man in Betrieben mit Einzel- und Serienfertigung. Die Erzeugnisse sind verschieden und weichen deshalb kostenmäßig voneinander ab. Zur Berechnung der Selbstkosten benötigt man die Einzelkosten (direkt zurechenbare Kosten) und die Gemeinkosten (nicht direkt zurechenbare Kosten).

Komplettes Kalkulationsschema bis zum Listenverkaufspreis

Materialeinzelkosten
Materialgemeinkosten
Fertigungseinzelkosten I
Rest-Fertigungsgemeinkosten I
Fertigungseinzelkosten II
Rest-Fertigungsgemeinkosten II
Sondereinzelkosten der Fertigung
Maschinenkosten

= Herstellkosten der Erzeugung
+ Minderbestand
– Mehrbestand

= Herstellkosten des Umsatzes
Verwaltungsgemeinkosten
Vertriebsgemeinkosten
Sondereinzelkosten des Vertriebs

= Selbstkosten
Gewinnzuschlag

= Barverkaufspreis
Kundenskonto
Vertreterprovision

= Zielverkaufspreis
Kundenrabatt

= Listenverkaufspreis

Angebotskalkulation/Vorkalkulation

Die Vorkalkulation dient der Ermittlung der Selbstkosten und weiter des Angebotspreises.

> Das Kalkulationsschema wird von oben nach unten benutzt, wobei Durchschnittswerte aus der Vergangenheit eingesetzt werden.

Erst in der Nachkalkulation kann man feststellen, ob zu viele oder zu wenig Kosten kalkuliert wurden.

Summarische Zuschlagskalkulation

Um das Rechenverfahren einfacher zu halten, fasst man in Fällen, wo sehr wenige Gemeinkosten anfallen, diese in einem Zuschlag zusammen und rechnet ihn entweder den Einzelkosten Fertigungsmaterial oder Fertigungslohn oder beiden zu. Das Verfahren ist einfach, aber dafür ungenau.

$$\text{Zuschlag (in Prozent)} = \frac{\text{Gemeinkosten} \cdot 100}{\text{Bezugsgröße}}$$

Beispiel

In einer Periode sind 120.000 € Fertigungsmaterial und 140.000 € Fertigungslöhne angefallen. Die Gemeinkosten betrugen 195.000 €. Man errechnet hier als Zuschlagsätze entweder
162,5 % auf das Fertigungsmaterial oder
139,29 % auf die Fertigungslöhne oder
75 % auf beides.

Differenzierte Zuschlagskalkulation

Hier werden die Gemeinkostenzuschläge getrennt nach Kostenstellen ermittelt. Im Allgemeinen wird ein Betrieb aufgeteilt in die Kostenstellen Material, Fertigung, Verwaltung und Vertrieb. Die Einzelkosten und die Gemeinkosten müssen für diesen Zweck unbedingt getrennt erfasst werden.
Von einer mehrstufigen differenzierten Zuschlagskalkulation spricht man, wenn ein Betrieb mehrere Fertigungsstellen aufweist und eventuell noch Fertigungshilfskostenstellen und allgemeine Kostenstellen.

Nachkalkulation

Durch die Nachkalkulation werden die Ist-Kosten eines Auftrags ermittelt.

> Durch den Vergleich der Vorkalkulation mit der Nachkalkulation lassen sich Kostenabweichungen feststellen, nach deren Ursache dann geforscht werden muss.

Bei extrem gestiegenen Kosten kann es sogar sein, dass ein Auftrag keinen Gewinn mehr bringt, sondern sogar in der Verlustzone liegt.

Beispiel

	Vorkalkulation	Nachkalkulation
Fertigungsmaterial	100,–	100,–
Materialgemeinkosten	25,–	28,–
Fertigungslöhne	150,–	165,–
Fertigungsgemeinkosten	130,–	158,–
Herstellkosten	405,–	451,–
Verw.- u. Vertr.gemeink.	73,–	90,–
Selbstkosten	478,–	541,–
Gewinn	47,80	
Barverkaufspreis	525,80	525,80

Hier war die Steigerung der Kosten so hoch, dass sich ein Verlust von 15,20 ergibt (Barverkaufspreis abzüglich Selbstkosten). Berechnet man die Gemeinkostenzuschlagsätze, stellt man fest, dass sie ohne Ausnahme höher geworden sind. Außerdem sind noch die Lohnkosten gestiegen.

	Vorkalkulation	Nachkalkulation
Materialgemeinkosten	25%	28%
Fertigungsgemeinkosten	86,87 %	95,76 %
Verw.- u. Vertr.gemeink	18,02 %	19,96 %

7 Betriebsstatistik

Statistische Maßzahlen • betriebliche Kennzahlen

Betriebsstatistik ist neben Finanzbuchhaltung, Kosten- und Leistungsrechnung sowie Planungsrechnung der vierte Bereich des betrieblichen Rechnungswesens.

In der Betriebsstatistik werden Zahlen und Daten gesammelt, aufbereitet und ausgewertet.

7.1 Begriffe und grundsätzliches Vorgehen

Daten lassen sich unterschiedlich ordnen, wobei die Kriterien auch kombiniert werden können:

- Sachliche Ordnung z. B. nach Umsätzen, Außendienstmitarbeitern, Anzahl der Auszubildenden …,
- zeitliche Ordnung, wie zu Stichtagen (z. B. Lagerbestand am Bilanzstichtag) oder nach Perioden (z. B. Umsätze der Monate eines Jahres (Bewegungsmasse)),
- räumliche Ordnung, z. B. Kostenstellen oder Abteilungen oder auch regionale Bezüge (z. B. Bayern, Deutschland).

Betriebsstatistik erhebt Zahlen entweder für einen ganz bestimmten Zweck (Primärforschung, Primärstatistik) oder wertet bereits vorhandenes Material aus wie z. B. Daten aus Buchhaltung oder Vertrieb (Sekundärforschung, Sekundärstatistik).
Bei der Datenerhebung erfolgt eine

- Vollerhebung (z. B. Befragung aller Kunden eines Tages) oder eine
- Teilerhebung (Befragung einer Stichprobe, die dann möglichst repräsentativ ausgewählt werden soll).

Ergebnisse werden

- in statistischen Maßzahlen komprimiert (Abschnitt 7.2),
- in betriebliche Kennzahlen gebracht (Abschnitt 7.3) und
- in typischer Übersichtsform (Tabelle, Grafik) dargestellt (Abschnitt 7.3).

7.2 Statistische Maßzahlen

Grundergebnis einer statistischen Erhebung ist eine Liste der Merkmalsausprägungen, die in der Stichprobe anzutreffen waren – meist handelt es sich bei den Merkmalsausprägungen um Zahlen, bezeichnet z. B. mit $x_1 \ldots x_N$. Treten Ausprägungen mehrfach auf, gruppiert man die Ergebnisliste zu einer Häufigkeitstabelle und man spricht von einer Häufigkeitsverteilung:

Merkmal	x_1	x_2	x_3	usw.
Anzahl	n_1	n_2	n_3	usw.

(Ausprägung x_1 ist n_1 mal aufgetreten usw. Die Summe aller Anzahlen n ergibt die Anzahl N der Ergebnisse insgesamt.)
Eine Häufigkeitsverteilung wird charakterisiert durch Mittelwerte (vgl. Magazinseite 46/47) und Maße für die Streuung.

Mittelwerte

(Beispiele umseitig)

Ungewogenes arithmetisches Mittel

$$\bar{x} = \frac{x_1 + x_2 + \ldots + x_N}{N}$$

Gewogenes arithmetisches Mittel

$$\bar{x} = \frac{n_1 \cdot x_1 + n_2 \cdot x_2 + \ldots + x_k \cdot n_k}{n_1 + n_2 + \ldots + n_k}$$

(Ungewogenes) geometrisches Mittel

$$\bar{x} = \sqrt[n]{x_1 \cdot x_2 \cdot \ldots \cdot x_N}$$

Zentralwert (Median)
Der in der Mitte stehende Wert der der Größe nach geordneten Merkmalsausprägungen.

Modalwert
Merkmalsausprägung mit der größten Häufigkeit

Streuungsmaße

(Beispiele umseitig)

Spannweite
Differenz zwischen dem größten und dem kleinsten Wert.

Lineare Streuung
Summe der absoluten Differenzen zwischen allen Merkmalsausprägungen und arithmetischem Mittel, dividiert durch Anzahl.

Varianz s^2 (mittlere quadratische Abweichung)
Summe Quadrate der Abweichungen zwischen den Merkmalsausprägungen und dem arithm. Mittel, dividiert durch Anzahl.

Standardabweichung s
$s = \sqrt{\text{Varianz}}$

Variationskoeffizient v
$v = s : \bar{x}$

Aufgabe

Die Rendite für 5 Produkte beträgt in einer Periode in T Euro 2, 4, 8, 10, 12. Wie hoch sind a) arithmetisches Mittel, b) Median, c) Spannweite, d) lineare Streuung, e) Varianz, f) Standardabweichung und g) Variationskoeffizient?

Lösung

a) arithmetisches Mittel $x = \frac{2+4+8+10+12}{5} = \frac{36}{5} = 7{,}2$

b) In der Mitte stehender Wert = 8. (Bei gerader Anzahl stehen zwei Werte in der Mitte, der Median ist deren Mittelwert.)

c) Spannweite $12 - 2 = 10$

d) Lineare Streuung

$\lvert 2 - 7{,}2 \rvert = 5{,}2$	
$\lvert 4 - 7{,}2 \rvert = 3{,}2$	Lineare Streuung
$\lvert 8 - 7{,}2 \rvert = 0{,}8$	$= 16{,}8 : 5$
$\lvert 10 - 7{,}2 \rvert = 2{,}8$	$= 3{,}36$
$\lvert 12 - 7{,}2 \rvert = 4{,}8$	
16,8	

e) Varianz

$(2 - 7{,}2)^2 =$	$5{,}2^2$	27,04
$(4 - 7{,}2)^2 =$	$3{,}2^2$	10,24
$(8 - 7{,}2)^2 =$	$0{,}8^2$	0,64
$(10 - 7{,}2)^2 =$	$2{,}8^2$	7,84
$(12 - 7{,}2)^2 =$	$4{,}8^2$	23,04
		68,50

$s^2 = 68{,}5 : 5 = 13{,}76$

(Die Varianz lässt also keinen direkten Vergleich zum Mittelwert zu.)

f) Standardabweichung

$s = \sqrt{13{,}76} = 3{,}71$

(Gleiche Dimension wie der Mittelwert; s zeigt, in welchem Intervall die Merkmalsauspägungen im Wesentlichen um den Mittelwert streuen.)

g) Variationskoeffizient

$v = 3{,}71 : 7{,}2 = 0{,}51527 =$ ca. 51,53 %

(Die Prozentangabe liefert die „relative“ Streuung und ist unabhängig vom jeweiligen Maßstab.)

Verhältniszahlen

Wenn zwischen zwei Merkmalen (bzw. deren Ausprägungen) eine lineare Beziehung besteht (Proportion), lässt sich der Zusammenhang durch eine Verhältniszahl beschreiben.

Gliederungszahlen

Teilgesamtheiten werden auf die dazugehörige Grundgesamtheit bezogen. Beide müssen sich auf den gleichen Zeitpunkt beziehen. Man erhält die Gliederungszahl als

$\frac{\text{Teilmasse } x_1}{\text{Gesamtmasse } x}$ oder in Prozent als $\frac{\text{Teilmasse } x_1 \cdot 100}{\text{Gesamtmasse } x}$

Beispiel

Setzt sich eine Belegschaft aus 2 Azubis, 4 Hilfskräften, 12 Gesellen und 2 Meistern zusammen, gliedert sie sich $\frac{1}{10}:\frac{1}{5}:\frac{3}{5}:\frac{1}{10}$. Aus der Angabe, dass von 20 Beschäftigen $\frac{1}{5}$ Hilfskräfte sind, lässt sich die Anzahl 4 der Hilfskräfte ermitteln.

Beziehungszahlen

Zwei völlig verschiedene Grundgesamtheiten werden aufeinander bezogen. Auch hier ist wieder auf den gleichen Zeitpunkt bzw. Zeitraum zu achten.

$$\text{Beziehungszahl} = \frac{\text{Masse } x}{\text{Masse } y}$$

Typische Beziehungszahlen sind Umsatz pro Mitarbeiter oder Kosten pro Stück.

Messzahlen

Eine Grundgesamtheit wird in zwei Teilgesamtheiten zerlegt. Diese werden aufeinander bezogen.

$$\text{Messzahl} = \frac{\text{Teilmasse } x_1}{\text{Teilmasse } x_2}$$

Beispiel: Verhältnis von Materialkosten zu Lohnkosten.

Verhältniszahlen liefern typische Kenngrößen für Vergleiche zwischen Grundgesamtheiten oder Perioden.

Indexzahlen

Indexzahlen vergleichen Merkmale zum Zeitpunkt der Berichtsperiode mit denen zum Zeitpunkt einer Basisperiode.

Der „Warenkorb" ist ein bekanntes Beispiel dafür.

Messziffern

Die Werte von unterschiedlichen Berichtsjahren werden in Beziehung gesetzt zum Wert eines Basisjahres (Rechenweise nachfolgend bei Index).

Ungewogene Indizes

Hat man es nicht nur mit einer Größe zu tun, bildet man den Mittelwert der betreffenden Größen. Das Verhältnis der Mittelwerte stellt dann einen ungewogenen Index dar.

Beispiel

Gefragt ist nach der Entwicklung der durchschnittlichen Umsatzwerte (Mittelwert der Produktgruppen) zum Basisjahr 1998 bei folgenden Angaben:

	1998	1999	2000
A	300	600	900
B	100	300	400
C	200	200	600

Lösung: Bildung der Mittelwerte

1998 : 300 + 100 + 200 = 600 ÷ 3 = 200
1999 : 600 + 300 + 200 = 1.100 ÷ 3 = 366,67
2000 : 900 + 400 + 600 = 1.900 ÷ 3 = 633,33

Man setzt den Mittelwert pro Jahr zur Basis 1998:

1999: $\frac{366{,}67 \cdot 100}{200} = 183{,}34\ \%$

2000: $\frac{633{,}33 \cdot 100}{200} = 316{,}67\ \%$

Anstelle des ungewogenen Mittelwerts werden vielfach gewichtete Mittelwerte einbezogen, man spricht von gewogenen Indizes. Beispiele: Preisindizes nach Laspeyres (Gewichte des Basisjahrs) und Paasche (Gewichte des Berichtsjahrs).

Zeitreihen/Trend

Merkmalsausprägungen werden im Zeitverlauf dargestellt. Zeitreihen werden durch einen Trend, die Konjunktur oder Zufälle beeinflusst. Verschiedene Methoden versuchen, bereinigte Zeitreihen zu gewinnen, die den Zufall weitgehend ausschalten und die Sachhaltigkeit der Entwicklung herausfiltern sollen.

3er-Oberdurchschnitte

Dies ist eine einfache Methode, bei der man aus jeweils drei Merkmalen das arithmetische Mittel bildet. Stellt ein Wert einen „Ausreißer" dar, wird so sein verfälschender Effekt gemindert.

Gleitender 3er-Durchschnitt

Man bildet den Durchschnitt immer aus drei Werten. Kommt ein neuer Wert hinzu, fällt dafür der älteste Wert weg.

Das folgende Beispiel zeigt, welche bereinigten Zeitreihen sich bei diesen beiden Verfahren gegenüber den bloßen Merkmalsausprägungen im Zeitverlauf ergeben.

Beispiel

	Gewinn	oberer 3er-Durschnitt	gleitender 3er-Durschnitt
1990	100		
1991	105	(100+105+90) : 3 98,33	98,33
1992	90		93,33
1993	85		91,76
1994	100	(85+100+110) : 3 98,33	98,33
1995	110		usw.
1996	115		
1997	112	(115+112+110) : 3 112,33	
1998	110		

7.3 Betriebliche Kennzahlen

Kennzahlen dienen der Kontrolle. Beim Vergleich der Zahlen über Monate und Jahre hinweg kann die Entwicklung eines Unternehmens beobachtet und gesteuert werden. Die größte Aufmerksamkeit wird den Bereichen Rentabilität, Wirtschaftlichkeit und Produktivität geschenkt.

Auswahl wichtiger betrieblicher Kennzahlen

Rentabilität Eigenkapital	$= \frac{\text{Gewinn} \cdot 100}{\text{Eigenkapital}}$
Rentabilität Gesamtkapital	$= \frac{(\text{Gewinn} + \text{Fremdkapitalzins}) \cdot 100}{\text{Gesamtkapital}}$
Umsatzrentabilität	$= \frac{\text{Gewinn} \cdot 100}{\text{Umsatz}}$
Kostenrentabilität	$= \frac{\text{Gewinn} \cdot 100}{\text{Kosten}}$
Wirtschaftlichkeit	$= \frac{\text{Ertrag}}{\text{Aufwand}}$ oder $\frac{\text{Leistung}}{\text{Kosten}}$
Produktivität	$= \frac{\text{Ausbringung}}{\text{Einatz}}$ oder $\frac{\text{Output}}{\text{Input}}$
Lagerbestand	$= \frac{\text{Anfangsbestand} + \text{Endbestand}}{2}$ $= \frac{\text{Anfangsbestand} + \text{12 Monatsendbestände}}{13}$
Umschlaghäufigkeit	$= \frac{\text{Wareneinsatz}}{\text{Ø Lagerbestand}}$
Lagerdauer	$= \frac{\text{360 Tage}}{\text{Umschlaghäufigkeit}}$
Finanzierung in %	$= \frac{\text{Fremdkapital} \cdot 100}{\text{Gesamtkapital}}$
Investierung in %	$= \frac{\text{Anlagevermögen} \cdot 100}{\text{Eigenkapital}}$ oder $\frac{\text{Umlaufvermögen} \cdot 100}{\text{Fremdkapital}}$
Vermögensstruktur	$= \frac{\text{Anlagevermögen} \cdot 100}{\text{Gesamtvermögen}}$
Liquidität 1. Grades in %	$= \frac{\text{flüssige Mittel} \cdot 100}{\text{kurzfristiges Fremdkapital}}$

7.4 Darstellung statistischer Zahlen

Die Darstellung der Ergebnisse erfolgt in Tabellen und Grafiken. Dabei ist auf eine korrekte Beschriftung zu achten und eine möglichst übersichtliche Darstellung. Das erscheint selbstverständlich, ist es aber in der Praxis erfahrungsgemäß nicht!

Achten Sie darauf, dass alle Spalten in Tabellen und alle Darstellungselemente in Grafiken so beschriftet sind, dass der Betrachter erkennt, was sie beinhalten bzw. darstellen.

Das Arbeitsmittel, mit dem heute bevorzugt Tabellen erstellt werden, sind die Tabellenkalkulationsprogramme auf dem PC (z.B. Microsoft ®Excel®).

Ein Vorteil von Tabellenkalkulationsprogrammen besteht darin, dass sie Rechnung und Darstellung sowie die Erstellung von Grafiken in einem Programm ermöglichen.

Auswahl Diagrammformen

Diagramme ermöglichen einen schnellen Überblick über Zusammenhänge und Abhängigkeiten. Zur Auswahl stehen viele Möglichkeiten, dazu wird auf die Literatur verwiesen.

Wählen Sie eine Diagrammform erst danach aus, welche die Sachaussage am besten darstellt und dann erst danach, welche Ihren Präsentationszwecken am dienlichsten ist.

Säulendiagramm
Merkmale senkrecht, Zeit waagerecht nach rechts.

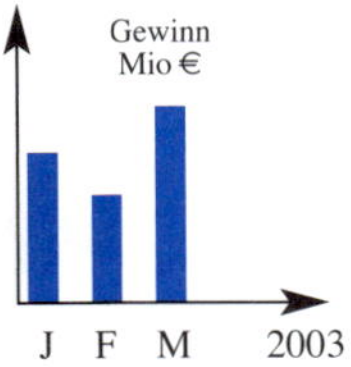

Balkendiagramm
Auch hier: Merkmale senkrecht, Zeit waagerecht nach rechts.

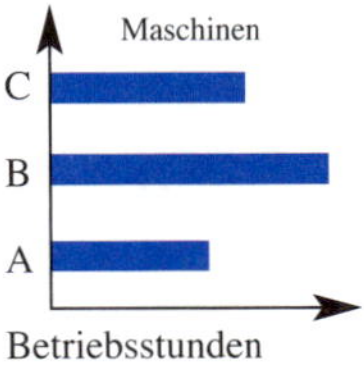

Kreisdiagramm
Geht es nur um die Aufteilung, ist dies am anschaulichsten.

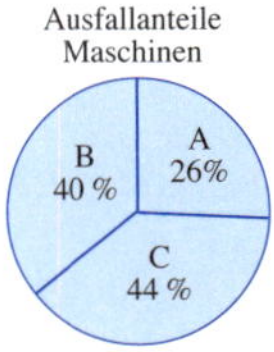

Anhang: Lösungen der zusätzlichen Übungen

Seite 41

Die Angabe der Fläche wird nicht gebraucht. Unterstellt wird, dass die 37 Hügel in der gleichen Zeit bewältigt werden sollen. So gelesen, handelt es sich um einen einfachen, geraden Dreisatz – 3 Kräfte schaffen 26 Hügel, wie viele schaffen 11 (nämlich die zusätzlichen)? Die Rechnung liefert 1,269 und zeigt die Problematik der Dreisatzrechnung in der Praxis: Es müssten 2 „Zusatzkräfte" anreisen, aber würde nicht vielleicht 1 Kraft ausreichen, weil auch 4 Kräfte den kleinen Rest mit etwas mehr Einsatz schaffen würden …?

Seite 43 – zu lösen mit dem Kettensatz

Hier schlägt die volle Praxis zu, der Aufgabe fehlen zwei Angaben: Den Umrechnungskurs von £ besorgen Sie sich aktuell. Bei Drucklegung betrug er 0,6510, also: 1 € = 0,6510 £. Mit Dreisatz errechnet man 1 £ = 1,5360 €
Auf S. 11 dieses Buches erfahren Sie1 mile = 1,60934 km. Auch dies brauchen Sie umgekehrt (wieder Dreisatz): 1 km = 0,6214 miles. Nun lässt sich der eigentliche Kettensatz aufstellen:

x entspricht 1 km
1 km entspricht 0,6214 miles
18 Miles entspricht 90 £ (Vorsicht Falle, Grundgebühr berücksichtigen!)
1 £ entspricht 1,5360 €

$$x = \frac{0{,}6214 \cdot 90 \cdot 1{,}5360}{18} = 4{,}77\ €$$

Für unsere Verhältnisse viel, ob vor Ort angemessen ist zu entscheiden!

Seite 59

1. Wenn 42 % entfernt werden, bleiben 100 % – 42 % = 58 % übrig. 58 % von 65 kg = 37,7 kg; das ist das gesuchte Gewicht. Genauso gut kann man rechnen: Es werden 42 % von 65 kg = 27,4 kg entfernt. Also bleiben 65 kg – 27,3 kg = 37,7 kg übrig. Die Aufgabe soll Sie sensibilisieren wirklich darauf zu achten, wonach gefragt ist!
2. Auch hier: Es reicht nicht, nur 3,5 % von 3.980,– auszurechnen. Das sind 139,30. Gesucht ist aber das neue Gehalt, nämlich 3.980,– + 139,30 = 4.119,30! Oder gleich: 103,5 % von 3.980,– = 4.119,30.

Seite 61
Gegeben: verminderter Grundwert und Promillesatz. Man kann „stur" mit Dreisatz/Kettensatz rechnen und erhält: Minderung 8 Unfälle und im Jahr zuvor insgesamt 800. Man sieht aber auch, dass 10 Promille 1 Prozent sind und dann kann man diese Aufgabe fast im Kopf lösen.

Seite 78
Man rechnet analog zur vorangehenden Aufgabe aus, dass 6 % Jahreszinsen auf 320 Tage 5,33 % entsprechen. Dann entsprechen die ausgezahlten 17.040 € 94,67 % und der Kreditbetrag lautet 18.000 €. Da aber 960 € Zinsen nur für 17.040 € zu zahlen sind, sind die Effektivzinsen höher. Das wird später in diesem Band noch ausführlich behandelt.

Stichwortverzeichnis

Abzahlungsdarlehen 85
Allgemeine Geschäftskosten 107
Angebotskalkulation 122
Annuitätendarlehen 86
Äquivalenzziffern 117, 120
Arithmetisches Mittel 48
Außenhandelsgeschäft 100
Balkendiagramm 131
Barwert 90
Beziehungszahlen 127
Bezugsbasis 57
Bezugsrecht 105 f.
Bezugsverhältnis (Aktien) 105 f.
Binärsystem 14
Briefkurs 99 f.
Brüche, echte und unechte 19
Brüche, erweitert 21
˜, gekürzt 21
˜, gleichnamige 19
Bruttopreis 65
Bruttoregistertonne 8
Darlehen 80
Devisen 99
Dezimalbrüche, periodische 29
Dezimalsystem 14
Dezimalzahl, unendliche 29
Differenz 25
Differenzkalkulation 115
Differenzwert 25
Disagio 80
Diskontrechnen 90
Diskonttage 91
Dividend 27
Divisionskalkulation 117 f.,
˜, einstufige 118
˜, mehrstufige 118
Divisor 27
Drachme 7
3er-Oberdurchschnitte 129
Dreisatz 32 ff.
˜, ungerade 37
˜, zusammengesetzt 38
Dualsystem 14, 17
Durchschnitt 48 f.
Effektenrechnen 101
Effektive Verzinsung 104
Effektivzins 79 f.
Einfacher Durchschnitt 48
Einkaufs-/Bezugskalkulation 108
Einzelkosten 117
Engl./amerik. Maß-/Gewichtssystem 11
Erweiterungsfaktor 22
Eurozinsmethode 68
Export 100
Faktor 26
Festdarlehen 85
Finanzierung in % 130
Flächenmaße 9
Fünfersystem 15
Geldkurs 99 f.
Gemeinkosten 117
Gemischte Zahl 19
Geschäftskosten 109
Gewichte 10
Gewinnkalkulation 115
Gewogene Indizes 128
Gewogener Durchschnitt 49
Gewogenes arithmetisches Mittel 125
Gleitender 3er-Durchschnitt 129
Gliederungszahlen 127
Grundwert 56, 64
˜, vermehrter 59
˜, verminderter 61
Handelskalkulation 107
Handelsspanne 114
Handlungsgemeinkosten 107
Häufigkeitsverteilung 125
Hauptnenner 22
Hexadezimalsystem 16
Hohlmaße 10
Import 100
Indexzahlen 128
Indizes, gewogene 128
˜, ungewogene 128
Industriekalkulation 117
Investierung in % 130
Jahreszinsen 69
Kalkulationsfaktor 112
Kalkulationsschema 108
Kalkulationszuschlag 112
Kapital 74
Kapital- und Zinsrechnen 77
Kapitalwert, vermehrter 77
˜, verminderter 77
Kapitalwiedergewinnungsfaktor 86
Kettensatz 42
Kontokorrent 97
Körpermaße 9

Kostenrentabilität 130
Kreisdiagramm 131
Kurs 101
Kurswert 101
Lagerbestand 130
Lagerdauer 130
Längenmaße 9
Lineare Streuung 125
Liquidität 1. Grades 130
Maß- und Gewichtssystem, metrisches 9
˜, engl./amerik. 11
Maßstäbe 11
Median 47, 125
Mehrwertsteuer 65
Messzahlen 127
Messziffern 128
Metrisches Maß- und Gewichtssystem 9
Minuend 25
Mischungskreuz 51
Mischungsrechnen 51
Mittel, arithmetisch 48
Mittelwerte 125
Modalwert 125
Monatszinsen 69
Nachkalkulation 116, 123
Nenner 19
˜, kleinste gemeinsame 23
Nennwert 101
Nettopreis 65
Nominalzins 80
Periode 29
Primärforschung 124
Produkt 26
Produktivität 130
Produktwert 26
Promillerechnung 55
Promillesatz 56, 64
Promillewert 56 f.
Prozentrechnung 55
Prozentsatz 56, 64
Prozentwert 56 f.
Quotient 27
Ratenzahlung 93
Rentabilität Eigenkapital 130
˜, Gesamtkapital 130
Restzahlungstermin 95
Rückwärtskalkulation 113
Säulendiagramm 131
Scheinbruch 20
Sekundärforschung 124
Selbstkosten 108
Skonto 79
Sorten 99
Spannweite 125
Standardabweichung 125
Stellenwertsystem 14
Streuungsmaße 125
Subtrahend 25
Summand 22
Summarisches Zinsrechnen 72
Summe 22
Summenwert 22
Tageszinsen 70
Teilbarkeitsregeln 21
Teilerhebung 124
Teilzahlung 81
Terminrechnen 92
Tilgungsdarlehen 85
Umsatzrentabilität 130
Umsatzsteuer 65
Umschlaghäufigkeit 130
Ungewogene Indizes 128
Ungewogenes arithmetisches Mittel 125
˜, geometrisches Mittel 125
Varianz 125
Variationskoeffizient 125
Verfallstag, mittlerer 92
Verhältniszahlen 127
Verkaufs-/Angebotskalkulation 108
Vermögensstruktur 130
Verteilungsrechnen 44
Verzinsung, effektive 104
Vielsatz 38
Vollerhebung 124
Vor- oder Nachleistung 44
Vorkalkulation 122
Vorwärtskalkulation 110
Wertpapiere 101 ff.
Wirtschaftlichkeit 130
Zahl, gemischte 19
Zähler 19
Zeit 76
Zeitreihen/Trend 129
Zentralwert 125
Zinseszins 84
Zinsrechnung 68
˜, kaufmännische 68
˜, summarische 72
Zinssatz 75
Zinsschein 103
Zinsteiler 71
Zinszahl 71, 91
Zuschlagskalkulation 117, 121
˜, differenzierte 122
˜, summarische 122